청소년을 위한 그린+뉴딜

탄소중립 = 에코 사이언스 + 그린 에너지

청소년을 위한
그린＋뉴딜

이경윤 지음

플루토

'미래를 위한 금요일'과
그린 뉴딜

"어른들이 내 미래를 망쳤으니, 나도 선거일까지 기후 파업을 하겠습니다."

열다섯 살 스웨덴 소녀 그레타 툰베리가 한 유명한 말이에요. 그레타는 지구의 환경 문제가 매우 심각하며, 기후 위기를 위한 행동에 당장 나서지 않으면 돌이킬 수 없는 재앙을 맞이하게 될 거라는 사실을 깨닫고는 바로 행동에 나섰습니다. 매주 금요일 학교에 가는 대신에 '기후를 위한 등교 거부'라고 쓰인 피켓을 챙겨서 자전거를 타고 국회의사당 앞으로 향했지요. 이곳에서 그레타는 정치인들이 환경 문제 해결을 위해 노력할 것을 강력하게 요구했습니다. 그레타의 이러한 외침은 들불처럼 번져 갔습니다. 그레타와 함께하기 위해 청소년들이, 어른들이 국회의사당 앞으로 모여들기 시작했어요. 이렇게 만들어진 모임이 기후 행동에 나선 세계 청소년들의 연대 모임인 '미래를 위한 금요일'입니다.

그레타는 이제 전 세계에서 가장 유명한 청소년 중 한 명이 되었습니다. 2019년 세계 최연소 노벨 평화상 후보로 선정되기도 했고, 〈타임〉지가 선정한 '세계에서 가장 영향력 있는 100인', 〈BBC〉가 선정한 '세상을 바꾼 10대'에 이름을 올렸으니까요.

미국 UN본부에서 열린 '2019 기후행동 정상회의'에 그레타도 참석하게 됩니다. 세계 지도자들 앞에서 연설하기 위해서였지요. 그레타의 연설은 미래의 주인인 청소년들이 환경 오염의 주범이라고도 할 수 있는 어른들에게 던지는 매서운 경고였습니다.

"지난 30년이 넘는 세월 동안, 과학은 분명히 말했습니다. 그런데 어떻게 그렇게 계속해서 외면할 수 있나요? 그리고는 이 자리에 와서 충분히 하고 있다고 말할 수 있나요? 필요한 정치와 해결책이 여전히 아무 곳에서도 보이지 않는데요."

그레타의 연설은 많은 이들에게 감동을 주었습니다. 그리고 전 세계 사람들의 공감과 참여를 이끌어 냈어요. 하지만 그레타의 이야기에서 가장 주목해야 할 것은 '그레타가 누구에게 기후 위기의 책임과 해결을 요구했는가'입니다. 바로 스웨덴 정치인들에게, 각국 정상들에게, 선진국에게 기후 위기 해결을 위한 정책을 마련하라고 외쳤어요.

환경 문제에 진심인, '제로 웨이스트' 삶을 살기 위해 노력하는 사람들은 많습니다. 하지만 개개인의 노력만으로는 근본적인 문제를 해결할 수 없습니다. 탄소 배출을 줄이기 위한 구체적인 정책과 실행 없이 개인의 노력으로는 지금의 기후 위기를 해결할 수 없다는 거예요. 따라서 정부가 주도하는 '그린 뉴딜-녹색산업 정책'은 환경 문제를 해결할 수 있는 가장 확실하고도 빠른 방법이 될 수 있습니다.

인류는 산업혁명과 과학기술의 발달로 역사상 그 어느 때보다 편리하고 풍요로운 현대 문명의 혜택을 누리고 있습니다. 하지만 빛에는 반드시 그림자가 따르기 마련이듯 현대 문명 뒤에는 환경 오염이라는 저승사자가 도사리고 있었습니다. 마치 '양날의 검'처럼 말이지요. 하지만 그린 뉴딜이 이끄는 녹색산업과 녹색기술은 환경을 보호하면서 경제를 발전시킬 수 있는 방법을 끊임없이 연구하고 개발합니다. 따라서 그린 뉴딜이 성공한다면 우리는 놀라운 변화를 체감하게 될 거예요.

그린 뉴딜이 성공하기 위해서는 구체적인 과학기술에 근거한 정책, 친환경적인 인프라 구축을 위한 과감한 투자, 장기적인 계획을 하나씩 실현해 가는 지속적이고 체계적인 실행이 필요합니다. 예를 들어 청소년들에게 플라스틱 사용을 무조건 줄이라고만 하기보다는 플라스틱이 어떻게 환경을 오염시키는지 과학적 근거를 제시해 설명하고, 친환경 플라스틱은 어떠한 과학 원리로 오염 물질을 발생시키지 않는지 알려 준다면 그린 뉴딜의 정책적 효과도 높아질 것입니다. 과학적인 환경 교육이 필요하다는 거예요.

《청소년을 위한 그린＋뉴딜》은 미래 세대의 주인인 청소년들이 환경 문제를 과학적인 사고로 이해하는 데 도움을 주기 위해 쓴 책입니다. 환경 오염과 기후 변화가 어떻게 우리의 삶을 위협하고 있는지와 녹색기술이 이러한 문제를 어떻게 해결할 수 있는지 과학적으로 접근해 설명할 거예요. 또한 그린 뉴딜은 무엇인지, 우리나라와 세계 각국의 그린 뉴딜 정책은 어떠한지 살펴볼 거예요. 마지막으로 그린 뉴딜이 바꾸어 낼 '지속 가능한 미래'를 함께 상상해 볼 거고요. 과학기술과 그린 뉴딜의 정책이 융합할 때 우리의 미래, 우리의 지구는 비로소 푸르게 바뀔 수 있습니다.

차례

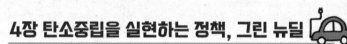

1장

지구가 불타고 있다

환경 오염과 기후 변화

환경 오염과 기후 변화   #미세먼지 #산성비 #화학비료

#농약 #중금속 #미세플라스틱 #이산화탄소

지구가 불타고 있다

환경 오염과 기후 변화

산업혁명 이후 고도의 산업 발달은 인간의 삶을 풍요롭게 해주었습니다. 하지만 동시에 다양한 문제를 불러일으켰지요. 그중 대표적인 문제가 바로 환경 오염과 기후 변화입니다.

인간이 배출하는 온갖 오염 물질로 인해 맑은 공기, 깨끗한 강물은 이제 찾아보기 힘듭니다. 심지어 바다까지 오염되어 바다 생태계도 파괴되고 있고요. 우리 집 식탁에 오르는 생선 배 속에 미세플라스틱이 있지는 않은지, 방사선에 노출된 것은 아닌지 걱정해야 할 상황입니다.

　　환경 오염 못지않게 전 지구적인 사안으로 떠오르고 있는 문제는 지구 온난화로 인한 기후 변화입니다. 과학자들은 지구의 온도가 2도만 올라가도 지구가 '여섯 번째 대멸종'의 위기를 맞이할 수 있다는 무시무시한 예측까지 내놓고 있습니다.

　　이러한 환경 오염과 기후 변화 문제는 앞으로를 내다보지 않고, 당장의 편리함만 좇는 데에서 비롯되었다고 할 수 있습니다. 인간의 생활을 풍요롭게 해 줄 거라고 믿었던 산업의 발달이 오히려 부메랑이 되어 환경 파괴라는 결과물로 우리를 공격해오고 있는 것이지요.

　　환경 오염과 기후 변화의 문제가 얼마나 심각한지, 우리에게 어떠한 영향을 미치는지 자세히 살펴볼까요?

미세먼지의 공포

아시아는 가장 많은 사람이 모여 사는 대륙입니다. 그중 동아시아에는 유독 더 많은 사람이 모여 살고 있고요. 그래서일까요. 동아시아의 미세먼지 농도는 전 세계에서도 가장 높습니다.

그렇다면 동아시아에 속하는 우리나라의 미세먼지 문제는 얼마나 심각할까요? 미국 예일대학교와 컬럼비아대학교 공동연구진이 발표한 〈환경성과지수 2016〉에 따르면 조사 대상인 180개국 가운데 우리나라는 173번째로 공기의 질이 나쁘다고 합니다. 더욱 놀라운 것은 우리나라 미세먼지 농도가 미국 LA보다 1.5배, 프랑스 파리보다 2.1배나 높다는 환경부의 발표였지요. 우리나라 사람들이 얼마나 안 좋은 공기를 마시며 살고 있는지 알 수 있는 연구 결과였습니다.

그렇다면 미세먼지에는 어떤 성분이 들어 있으며, 우리에게 어떤 영향을 미칠까요? 미세먼지의 주성분 중 가장 많은 비중을 차지하는 황산염, 질산염은 자동차에서 배출되는 아황산 가스(SO_x), 질소 산화물(NO_x) 등과 같은 물질에 의해 만들어집니다. 또 탄소류와 검댕은 화석연료가 불완전 연소할 때 생기는 일산화탄소 등

미세먼지 성분 구성

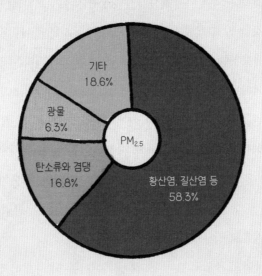

기타
18.6%

광물
6.3%

탄소류와 검댕
16.8%

PM₂.₅

황산염, 질산염 등
58.3%

출처 : 환경부

위 그래프는 우리나라 주요 지역 여섯 곳의
평균값이다. 미세먼지를 이루는 성분은 발생 지역이나
계절, 기상 조건 등에 따라 달라질 수 있다.

의 탄소 가스에 의해 만들어지고요. 광물이나 기타 입자상 물질도 석유나 석탄 같은 탄소 화합물의 연소에 의해 만들어지는 물질이라고 합니다.

이렇게 살펴보면 미세먼지의 주성분은 화석연료와 깊은 연관이 있다는 것을 알 수 있습니다. 공장이나 자동차뿐만 아니라 우리가 집에서 사용하는 화석연료도 미세먼지의 원인이 된다는 것이지요.

석탄, 석유, 천연가스와 같이 동식물이 오랜 기간 썩으면서 만들어진 자원을 화석연료, 또는 화석에너지라고 합니다. 산업혁명 당시에는 석탄이 중요한 자원으로 사용되었지만, 20세기 이후로는 석유가 가장 널리 사용되고 있는 에너지원입니다. 자동차나 항공기, 선박 등의 운송 수단은 물론 화력 발전, 석유화학 공업 등 각종 산업의 원료로 석유가 사용되고 있어요.

현대산업의 주원료로 사용되는 석유를 좀 더 자세히 살펴볼까요? 검은 갈색을 띤, 땅속에 묻혀 있는 천연 물질을 원유라고 합니다. 그리고 이것을 증류, 즉 끓는점의 차이에 의해 분리해서 얻는 휘발유·등유·경유·중유·아스팔트 등을 석유라고 하지요.

이렇게 원유에서 추출한 연료는 모두 탄화수소를 주성분으로 하는 탄소 화합물로 이루어져 있습니다. 이때 탄소 화합물에 포함

원유 증류 과정

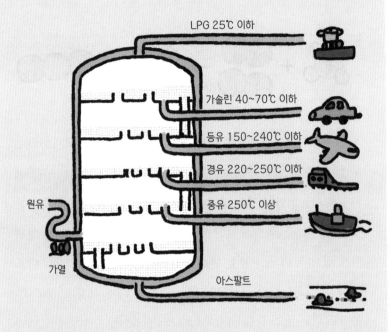

LPG 25℃ 이하

가솔린 40~70℃ 이하

등유 150~240℃ 이하

경유 220~250℃ 이하

중유 250℃ 이상

아스팔트

원유

가열

원유의 증류 과정에서 나오는 잔여물, 즉 찌꺼기는 윤활유나 아스팔트로 사용한다.

된 탄소의 개수가 적을수록 가벼운 물질이 되고, 많을수록 무거운 물질이 됩니다. 그렇다면 탄소 화합물과 산소가 만나서 연소 반응이 일어나면 어떻게 될까요? 탄소 하나와 수소 네 개로 이루어진 메테인(메탄가스)의 연소 화학식은 다음과 같습니다.

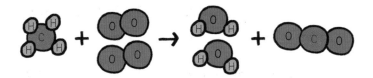

탄소 화합물이 산소와 만나서 반응이 일어나면 이산화탄소(CO_2)와 물(H_2O)이 만들어지고, 이때 연소되면서 나오는 열을 에너지로 사용한다는 것을 알 수 있습니다. 이 과정에서 탄소 화합물이 완전 연소를 하지 못하면 독성 물질인 일산화탄소(CO)가 발생하게 됩니다. 더 큰 문제는 탄소 화합물이 모두 메탄가스처럼 탄소와 수소 성분으로만 구성되어 있는 게 아니라는 거예요. 황(S) 성분이 포함된 탄소 화합물이 산소(O_2)와 반응하면 이산화황(SO_2)이 생기게 됩니다.

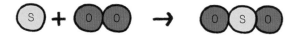

자동차나 비행기를 운행하면 엔진의 온도가 높아집니다. 이때 휘발유가 연소하면서 공기 중에 있는 질소(N_2)와 반응하게 되면 이산화질소(NO_2)가 만들어지기도 합니다.

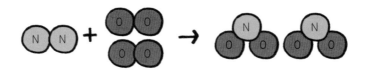

그밖에도 화석연료의 탄소 화합물이 연소하면서 각종 휘발성 유기성분이 배출됩니다. 이렇게 배출된 이산화탄소, 일산화탄소, 이산화황(SO_2), 질소 산화물 등이 공기를 오염시키는 것입니다.

우리는 보통 공장이나 자동차에서 내뿜는 매연이 미세먼지의 원인이라고 생각합니다. 하지만 일상생활, 예를 들어 집 안에서 요리를 할 때도 미세먼지는 발생한다는 사실을 알아야 합니다. 창문을 닫은 채 가스레인지로 튀김 요리나 볶음 요리를 하면 집 안의 미세먼지 농도가 '매우 나쁨' 단계까지 금방 올라갑니다. 환기를 제대로 하지 않으면 우리 몸에 나쁜 영향을 줄 것이 불 보듯 뻔합니다. 따라서 요리를 할 때는 물론, 요리가 끝난 후에도 창문을 열어서 충분히 환기를 해야 합니다.

미세먼지는 세계보건기구(WHO) 산하 '국제암연구소'가 1급 발암 물질로 선정한 무시무시한 물질입니다. '영국 대기물질 기준 전문가 패널'은 미세먼지(PM10)의 영향으로 해마다 2,000~1만 명이 목숨을 잃는다고 발표했습니다. 또 미국의 환경단체인 '자연자원 방어협회'는 해마다 약 6만 4,000명이 대기 오염으로 인한 심폐질환으로 목숨을 잃고 있다고 주장했고요.

우리 눈에 보이지 않을 만큼 매우 작은 미세먼지는 공기 중에 머물러 있다가 우리가 숨을 쉴 때 호흡기를 거쳐 폐에 침투하거나 혈관을 따라 체내로 이동하기 때문에 미세먼지를 이루고 있는 성분에 따라 우리 몸에 나쁜 영향을 미칠 수 있습니다.

옛날에는 자고 일어나면 뉴스나 신문에서 일기 예보를 확인한

다음 비가 오면 우산을, 기온이 낮으면 두툼한 외투를 챙겨서 외출을 했어요. 하지만 이제는 일어나자마자 스마트폰 날씨 앱으로 일기 예보뿐만 아니라 미세먼지 예보까지 확인해야 합니다. 미세먼지 예보가 '나쁨'

이면 외출할 때 마스크를 챙겨야 하는 수고를 마다할 수 없기 때문이지요.

하늘에서 산성비가 쏟아진다

"세차만 하면 비가 온다"는 말이 있습니다. 비가 올 줄 알았으면 공짜로 세차하는 셈인데 굳이 돈까지 써 가며 세차할 필요가 없었다는 뜻으로, '머피의 법칙'처럼 지독하게 운이 없는 상황을 빗대서 쓰는 말이에요. 하지만 요즘에는 '비가 오고 나면 바로 세차'를 해야 하는 상황이 되었습니다. 비는 물이니까 차를 깨끗하게 만들어 줄 것 같은데 비를 맞으면 세차를 해야 한다니, 도대체 무슨 말일까요?

한바탕 신나게 비가 쏟아진 뒤에 실외 주차장에 나가 보면 이 말의 의미를 바로 알 수 있습니다. 온통 흙먼지 얼룩으로 뒤덮여 있는 처참한 몰골의 자동차들을 쉽게 발견할 수 있을 테니까요. 바로 공기 중에 있는 미세먼지와 황사가 비에 섞여 쏟아지기 때문이에요.

그런데 문제는 여기에서 그치지 않습니다. 도시에서 내리는 비에는 주로 석탄이나 석유를 연료로 쓰는 자동차의 배기가스나 화력 발전소 등의 배출 가스에서 뿜어져 나오는 삼산화황(SO_3)이나 이산화질소(NO_2)가 포함되어 있습니다. 황산화물과 질소 산화물이 빗물과 만나면 다음과 같은 반응이 일어나게 됩니다.

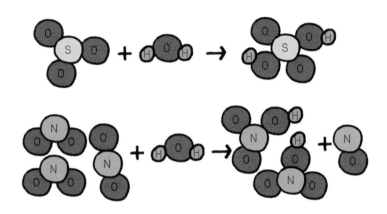

이때 생성되는 황산(H_2SO_4)이나 질산(HNO_3)은 염산과 더불어 강한 산성을 지닌 화학 물질입니다. 금속을 녹여 버릴 정도로 강력한 산성을 지닌 질산과 황산이 섞인 비를 맞는다면 자동차의 외부가 부식될 수도 있다는 거예요.

그렇다면 도시에 내리는 모든 비에 황산과 질산이 포함되어 있을까요? 다행히 그렇지는 않습니다. 경우에 따라 농도가 높을 수도 있고 낮을 수도 있어요. 그래서 물의 산성이나 염기성의 정도를 나타내는 수치인 pH(수소이온 농도) 측정을 해서 비의 산성화 여부를 판단합니다. 1~14까지의 수치를 기준으로 7이면 중성, 7보다 작을수록 산성, 클수록 염기성을 띠게 됩니다.

일반적인 비도 pH를 측정하면 pH 5.6~6.4로, 약한 산성을 띠고 있습니다. 공기 중에 포함되어 있던 이산화탄소(CO_2)가 빗물과 결합하면서 약한 산인 탄산(H_2CO_3)이 만들어지기 때문이에요.

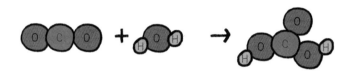

하지만 공기 중에 황산이나 질산이 많이 포함되어 있으면 빗물과 결합하면서 pH가 5.6 이하의 강한 산성을 띠게 됩니다. 바로 이것을 산성비라고 해요.

산성비는 사람뿐만 아니라 호수와 하천, 토양, 산림, 건축물에도 안 좋은 영향을 끼칩니다. 그래서 산성비의 원인이 되는 오염 물질 배출을 줄여야만 하는 거예요.

지구가 불타고 있다

산성비가 끼치는 영향

물	산성비의 영향으로 호수나 하천의 pH가 낮아지면(산성화) 플랑크톤 등 수생동물의 종 조성이 바뀌거나 멸종해서 생태계 불균형이 일어나게 된다. pH가 4.5가 되어 알루미늄이 용해되면 어류의 생식 기관에 작용하여 번식을 방해하고, 중금속이 쌓이게 된다.
토양	토양 속 미생물을 죽여 토양의 유기물 분해를 방해한다. 식물의 성장에 필요한 무기염류를 녹여 없앤다.
삼림	이산화황과 질소 산화물 같은 오염 물질은 나뭇잎 기공의 기능을 손상시켜서 나뭇잎을 갈색으로 변하게 한다. 산성비는 세포의 수분 흡수를 방해해서 수분 결핍이 생긴다. 결국 나무가 말라죽게 된다.
건축물	염기성을 띠는 석회암이나 대리석으로 만든 건축물이 산성비를 맞으면 부식된다.
인체	산성비를 직접 맞을 경우 눈병이나 피부병 등이 생긴다. 오염된 농작물이나 물고기 섭취로 중금속 중독 등의 다양한 질병을 앓게 된다.

지렁이도, 달팽이도 살 수 없는 땅

인간은 땅에서 태어나 땅으로 돌아간다고 이야기하지요. 우리가 살아가는 동안에 필요한 의식주도 대부분 땅에서 얻습니다. 하지만 급속한 산업의 발달과 인구 증가로 인해 토양이 오염되고 있습니다.

토양 오염은 외부 오염 물질이 토양으로 유입되는 것을 말합니다. 토양을 오염시키는 주요 원인은 대기 오염이나 수질 오염으로

인한 오염 물질이 땅으로 스며들어서 일어나는 2차적인 오염뿐만 아니라 화학 비료와 농약으로 인한 오염, 산업 폐기물에 의한 중금속 오염 등이 있습니다. 땅으로 유입된 오염원은 토양 구조를 파괴하고 생물의 생육에도 문제를 일으킵니다. 이는 먹이사슬로 이어져 있는 동물과 인간에게도 영향을 주어 그 피해가 심각한 수준이에요.

건강한 흙 속에는 토양균이라고 부르는 수많은 미생물이 살고 있습니다. 토지가 비옥해진다는 것은 토양균이 땅속에서 잘 증식하고 있다는 뜻이기도 해요. 토양균은 흙 속에 존재하는 질소, 인산, 칼륨 등의 영양분을 빨아들여 작물의 뿌리에 전달하는 역할을 합니다. 그러나 화학 비료를 사용하거나 농약을 뿌리게 되면 토양균은 사라질 수밖에 없어요. 화학 비료와 농약은 흙 속에 살고 있는 무수한 생물을 죽이고, 생태계를 파괴하며, 땅을 산성화시켜 황폐하게 만듭니다. 특히 농약은 토양에 서식하는 곤충, 기생충, 균류를 죽여 버립니다.

인구가 증가하면 그에 따라 작물 생산량도 높아져야 합니다. 그래서 인간이 개발한 것이 바로 농약이지요. 작물 재배는 해충과의 끊임없는 싸움이었으니까요. 하지만 농약이 생물에 미치는 영향,

인간에게 미치는 역학조사 결과가 발표되기 시작하자 사람들은 두려움에 떨기 시작했습니다. 그래서 농산물의 농약 잔류 허용 기준 등을 만들었어요. 농약 잔류 허용 기준은 농약이 남아 있는 식품을 일생동안 먹어도 전혀 해가 없다고 판단되는 양을 법으로 정한 거예요. 그렇다면 우리가 지금 먹는 농산물은 안전한 걸까요? 그렇지 않습니다. 왜냐하면 우리나라에서 유통·사용하는 농약이 270여 종이지만, 잔류 허용 기준 관리를 받고 있는 농약은 고작 38종에 그치고 있기 때문입니다.

농약만큼 심각한 토양 오염 문제는 산업 폐기물에 의한 중금속 오염이에요. 공장에서 방출되는 폐기물에는 카드뮴, 수은, 비소, 납, 6가 크로뮴 등의 중금속이 포함되어 있습니다. 중금속은 토양을 오염시키고, 농작물뿐만 아니라 농작물을 먹고 살아가는 가축과 사람에게까지 무서운 해를 끼칩니다.

뿐만 아니라 우리가 쓰고 버리는 쓰레기도 토양 오염의 원인이에요. 우리가 버린 쓰레기는 대부분 통째로 땅에 묻거나, 소각해서 땅에 묻습니다. 엄청난 양의 쓰레기, 플라스틱이나 비닐처럼 썩는 데 500년 이상 걸리는 쓰레기가 땅속에 가득 묻혀 있는 것이지요. 세립 점토 입자를 가진 토양은 환경 오염을 발생시키는 독성 물질

지구가 불타고 있다

중금속 오염이 인체에 끼치는 영향

오염원	주요 배출원	영향
카드뮴	도금, 특수합금, 충전식 전지, TV 브라운관, 인산염 비료, 납 도금 설비 등	철분 대신 뼈에 흡수되어 칼슘의 흡수를 차단해 뼈의 쇠약을 일으킨다. 이타이이타이병
비소	농약, 살충제, 방부제	70~200미리그램을 일시적으로 섭취할 경우 구토, 설사 현상이 나타나고, 120미리그램 이상 섭취하면 사망에 이를 수 있다. 손발 각화, 빈혈, 흑피증, 암 발병
수은	공장 배출수, 농약, 수은 온도계, 전구 제조업	신경계통 장애를 일으킨다. 미나마타병
납	전선 보호제, 플라스틱, 인쇄공업	흡수성이 강해서 섭취량의 100퍼센트가 흡수되며, 뼈에 침착, 골수에 영향을 미쳐 헤모글로빈 합성 장애를 일으킨다. 두통, 시력 감퇴, 구강염, 빈혈
6가 크로뮴	크로뮴 철강, 스테인리스 합금, 전지	1~5그램만 섭취해도 위장관정에 출혈성 소질, 경련 등 심한 극성 증상을 일으킨다. 또한 흡수된 크로뮴 이온은 세포독으로 작용하여 간장, 신장 등에 축적된다. 황달, 간염

을 끌어당기고 흡착하는 능력을 가지고 있다고 합니다. 즉, 토양은 오염 물질을 낮출 수 있는 유기물을 포함하고 있기 때문에 스스로 환경 오염을 줄여 주는 역할도 한다는 거예요. 그러나 땅이 제역할을 하기 위해 필요한 시간보다 더 빠르게 많은 농약이, 중금속이, 쓰레기가 땅을 뒤덮고 있다는 게 문제이지요.

문제가 이렇게 심각한데도 토양 오염이 대기 오염이나 기후 변화에 비해 소홀하게 다뤄지고 있는 것 또한 사실입니다. 환경 전문가들은 지금처럼 토양이 방치된다면 20년 후에는 세계 경작지 중 30퍼센트 이상이 무용지물인 땅이 될 것이라고 이야기합니다. 그때가 되면 전 세계가 식량 부족에 허덕이게 될 거예요.

플라스틱 쓰레기로 고통받는 지구

'우리 아파트 분리 수거일은 매주 목요일'

엘리베이터 앞 게시판에 붙어 있는 공고문입니다. 목요일이 되면 우리 엄마도, 옆집 아저씨도 분리 수거에 '열심'이에요. 라벨을 뗀 페트병, 깨끗하게 씻어 말린 우유팩, 테이프를 제거해 곱게 접은 박스가 종류별로 차곡차곡 쌓입니다. 대부분은 '일회용품 사용이 많이 늘었지만, 그래도 환경을 생각해서 꼼꼼하게 재활용했어!' 라고 뿌듯해 하며 집으로 돌아오겠지요.

우리가 열심히 분리 수거한 플라스틱은 어떻게 재활용되고 있을까요?

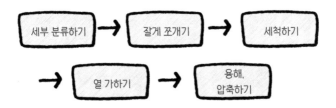

플라스틱을 재활용하기 위해서는 거쳐야 할 여러 단계가 있습니다. 그리고 그 과정에서 열심히 분리 수거한 플라스틱의 절반 이상은 재활용하지 못하고 쓰레기로 버려집니다. 생활의 편리함을 위해 사용하는 많은 플라스틱은 일회용으로 그 쓰임을 다한 채 쓰레기로 버려지고 있는 거예요.

우리나라에서 1년 동안 사용하는 플라스틱 사용량은 약 600만 톤이라고 합니다. 1인당 무려 132킬로그램의 플라스틱을 사용하고 있는 거예요. 그렇다면 재활용하기도 힘들고, 잘 썩지도 않는 저 많은 플라스틱은 도대체 다 어디로 사라지는 걸까요?

국가별 1인당 연간 플라스틱 사용량

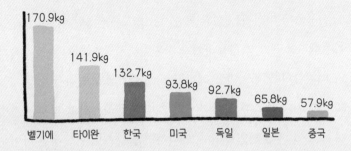

170.9kg 벨기에
141.9kg 타이완
132.7kg 한국
93.8kg 미국
92.7kg 독일
65.8kg 일본
57.9kg 중국

출처 : 유럽플라스틱제조자협회

우리나라 일회용 플라스틱 사용량 평균을 내 보면
460개의 비닐봉지, 96개의 페트병, 65개의 플라스틱
컵을 사용하고 있다고 한다.(1인 1년 기준)

2019년 미국 CNN 방송에서 '의성 쓰레기산'이라는 제목의 뉴스 보도를 했습니다. 쓰레기 처리업체가 경북 의성군에 몰래 쓰레기를 가져다 버린 거였어요. 국제적인 망신을 당한 뒤 실태 조사를 해 보니 충격적이게도 이런 쓰레기산이 전국에 300여 개가 넘게 있었습니다.

서울에서 버려지는 생활 쓰레기가 하루에만 5만 여 톤이고, 이 가운데 3만 톤은 재활용하거나 자원화하지만 나머지는 소각하거나 매립합니다. 하지만 쓰레기가 계속 증가하고 있어서 소각 시설과 매립지가 부족한 상황이에요. 게다가 플라스틱의 경우는 소각하는 것이 매우 위험합니다. 왜냐하면 플라스틱을 태우면 다이옥신이라는 유해 물질이 발생하기 때문이에요. 다이옥신은 유전 정보를 교란시켜서 세포의 성장과 분할에 이상을 일으키는 물질이에요. 그래서 피부 손상, 호지킨 림프종, 비호지킨 림프종, 연육 조직 암, 백혈병, 간암 등을 유발합니다.

이렇게 매립할 땅도 부족하고, 소각하는 데 드는 비용이나 까다로운 절차를 피하기 위해 몰래 쓰레기를 갖다 버리는 불법 쓰레기 처리업체들이 생겨나고 있습니다.

플라스틱 쓰레기는 바다로도 흘러들어 갑니다. 거북의 콧구멍에 꽂힌 플라스틱 빨대, 죽음에 이른 고래 배 속에 가득 찬 플라스틱, 물개의 몸을 꽁꽁 묶은 버려진 어업용 그물…. 사람들이 무분별하게 사용하고 버린 플라스틱 쓰레기가 바다로 흘러들어 가서 해양 생태계를 파괴하고 있습니다.

버려진 플라스틱의 마지막 종착지라고도 불릴 만큼 바다에는 플라스틱이 넘쳐납니다. 플라스틱 쓰레기는 바람과 해류의 영향으로 태평양 연안에 모여 섬을 이룹니다. 쓰레기산으로도 부족해 한반도 10배 크기의 쓰레기섬이 만들어지고 있는 거예요. 쓰레기의

양은 갈수록 늘어나고 있기 때문에 쓰레기섬의 크기도 점점 커질 거고요.

플라스틱 쓰레기 문제는 여기서 끝나지 않고 다시 인간의 삶을 위협하고 있습니다. 바로 어마어마한 양의 미세플라스틱이 바닷속을 떠다니고 있다는 사실이 밝혀진 거예요. 미세플라스틱은 바다로 흘러들어 간 플라스틱이 눈에 보이지 않을 만큼 작게 부서져서 만들어지기도 하고, 우리가 사용하는 치약, 세정제, 스크럽 제품이나 미세섬유 등에 들어 있기도 합니다. 더욱 놀라운 건 일상용품 150밀리리터에 약 200여 개의 미세플라스틱이 들어 있다는 사실입니다. 우리가 매일 양치, 샤워, 빨래를 할 때마다 생활 하수로 미세플라스틱이 방류되는 거예요. 그런데 미세플라스틱은 너무 작아서 하수 처리 시설에 걸러지지 않고 강이나 바다로 유입되기 때문에 문제가 심각합니다.

미세플라스틱은 바다생물에게 영향을 미치고, 이는 다시 우리의 식탁에 영향을 미치게 됩니다. 우리가 즐겨 먹는 생선, 굴이나 바지락 같은 패류, 음식을 만들 때 빠짐없이 쓰이는 소금에도 미세플라스틱이 섞여 있다는 사실은 큰 충격으로 다가옵니다.

미세플라스틱은 일상생활에서도 쉽게 찾아볼 수 있습니다. 우

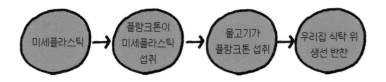

◎ **미세플라스틱이 우리 몸에 들어오는 과정**

리가 사용하는 종이컵이나 컵라면 용기 안쪽에는 플라스틱 물질이 코팅되어 있습니다. 음료나 음식을 먹을 때 자연스럽게 미세플라스틱도 함께 먹는 셈이지요. 2019년 세계자연기금(WWF)은 호주 뉴캐슬대학교와 함께 진행한 연구 결과를 발표했습니다. "매주 평균 한 사람당 미세플라스틱 2,000여 개를 삼키고 있다"는 놀라운 결과였습니다. 1년으로 계산해 보면 한 사람당 250그램이 넘는 미세플라스틱을 먹고 있다는 거니까요.

이렇듯 우리는 일상생활을 하면서 미세플라스틱을 섭취하거나 흡입하고 있습니다. 미세플라스틱의 직접적인 위험성에 대한 연구는 아직 부족한 상황입니다. 하지만 플라스틱 자체가 가지고 있는 위험성이나 플라스틱 제조 단계에서 사용하는 화학 물질의 위험성은 누구나 알고 있어요. 그렇다면 체내에 축적된 미세플라스틱

지구가 불타고 있다

이 결국은 우리 몸에 큰 문제를 일으킬 가능성도 누구나 예측할 수 있지 않을까요?

뜨거운 지구, 기후 변화

과학자들은 지구의 환경 문제 중 가장 심각한 것은 기후 변화라고 이야기합니다. "인간 때문에 지구의 기온은 점점 올라가고 있고, 이로 인해 돌이킬 수 없는 재앙이 다가오고 있다"라고요. 마이크로 소프트 창업자인 빌 게이츠 또한 "기후 변화로 입게 될 피해는 코로나19로 겪게 된 피해보다 훨씬 더 오랜 기간 고통스럽게 이어질 것이다"라고 이야기했습니다.

과거 170년 동안 지구의 기온은 1.09도 상승했어요. 아침과 저녁 기온이 십 몇 도씩 차이가 나는데, 고작 1도 오른 거 가지고 왜 이렇게 설레발이냐고요? 날씨와 기후는 엄연히 다릅니다. 날씨는 매일 실시간으로 변화하는 기상 상태를 뜻하고, 기후는 30년 동안 날씨의 평균 상태를 뜻합니다. 날씨는 아침저녁으로 십 몇 도씩 변하지만 기후는 오랜 시간 거의 변하지 않지요. 그래서 기후가 1도만 오르내려도 지구 환경에 많은 변화를 주게 됩니다.

과거 170년 동안 전 지구 지표면 온도의 변화

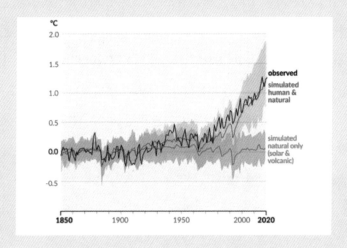

출처 : IPCC 6차 평가보고서

기후 변화에 관한 정부 간 협의체는 2021~2040년 사이에 지구 온도가 산업화 이전 대비 1.5도 상승할 가능성이 크다는 내용을 담은 〈IPCC 제6차 평가보고서〉를 발표했다.

그렇다면 지구의 온도는 왜 올라가는 걸까요? 지구의 기온에 영향을 주는 건 바로 온실가스입니다. 지구에는 대기권이라고 부르는 얇은 공기층이 있습니다. 공기층에는 이산화탄소(CO_2), 메탄(CH_4), 아산화질소(N_2O), 불화탄소(PFC), 수소화불화탄소(HFC), 불화유황(SF_6)과 같은 온실가스가 있고요. 대기권에 온실가스가 많으면 기온이 올라가고, 적으면 기온이 떨어집니다. 지구의 기온이 상승하는 이유는 대기권의 온실가스 농도가 높아졌기 때문이지요.

탄소는 모든 생명체를 이루는 기본 구성 요소입니다. 식물은 광합성을 통해 탄소를 얻고, 동물은 식물을 통해 탄소를 얻어요. 탄소는 모든 생명체에 쌓이고, 생명체가 죽으면 땅에 묻히게 됩니다. 탄소가 공기, 생명체, 땅을 순환하는 거예요. 이 과정이 균형을 이루면 지구의 기온도 안정을 이루게 됩니다.

석탄, 석유와 같은 화석연료는 땅속에 묻힌 생명체에 의해 만들어집니다. 화석연료는 탄소 덩어리나 마찬가지이지요. 그래서 화석연료를 태우면 이산화탄소를 배출하게 됩니다. 이산화탄소는 온실가스 농도를 높이는 주범이고요.

지구에서는 지금까지 다섯 번의 대멸종 사태가 일어났습니다. 대멸종은 지구에 살던 생물종 대부분이 사라지는 것을 뜻해요. 그

온실 효과와 지구 온난화 현상

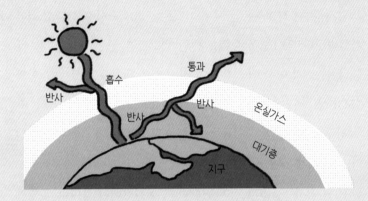

지구 온난화 현상은 빙하가 녹으면서 발행하는 해수면 상승, 생태계의 구조 변화에 따른 생명다양성의 파괴, 이상 기후 등을 일으킨다.

중 '페름기 대멸종'을 눈여겨 볼 필요가 있습니다. 2억 5,000만 년 전, 거대한 화산 폭발이 일어나서 땅속에 있는 화석연료가 불타고, 산불로 이어졌습니다. 그 결과로 지구의 온실가스 농도가 높아져 기온이 상승했고, 대부분의 생물종이 멸종했어요.

앞서 '지난 170년 동안 지구의 기온은 1.09도 상승'했다고 이야 기했습니다. 약 1도 상승했을 뿐인데도 폭염·폭설·혹한·가뭄·태풍·산불 등의 이상 기후 현상이 전 세계를 뒤흔들고 있는데, 만약 2도가 상승하면 어떤 일이 벌어질까요?

지구의 '환경 위기 시계'는 지금 9시 46분을 가리키고 있습니다. 우리에게 남은 시간은 고작 2시간 14분인 거예요. 지금이라도 환경 위기 시계를 되돌리기 위한 노력을 시작해야 합니다. 그렇게 하지 않으면 정말 '여섯 번째 대멸종'의 위기를 맞이하게 될지도 모르니까요.

환경 문제에 관한 전 지구적인 위기의식

1988년 이전까지 기후 변화 문제는 과학자들이나 환경단체의 관심 분야였습니다. 그러나 과학자들과 환경단체들이 기후 변화 문제의 심각성을 널리 알리면서 사람들은 기후 변화를 전 지구적인 문제로 인식하기 시작했습니다. 그래서 각국 정상들이 모여 다양한 대책을 논의해왔지요. 세계 기후 변화를 과학적으로 분석하기 위해 1988년 11월 UN환경계획(UNEP)과 세계기상기구(WMO)가 공동으로 IPCC(기후 변화에 관한 정부 간 협의체)를 설립하였습니다. IPCC에는 과학자, 경제학자 등 3,000여 명의 전문가들이 모여 기후 변화에 관련한 전 지구적인 환경 문제에 대처하기 위해 대책 마련을 연구하고 있습니다. 그 연구 결과로 지금까지 여섯 차례의 보고서를 발표하기도 했고요. 또 전 세계 지도자들이 모여 지구 온난화 방지를 위해 온실가스의 방출을 줄이기 위한 기후협약(기후변화협약, 교토의정서, 파리협정 등)을 맺었습니다.

이전의 협약이 온실가스 배출량을 감축하는 게 주요 목표였다면 가장 최근에 채택된 파리협정은 기후 변화에 대응하기 위하여 온실가스 감축은 물론이고, 이미 발생한 기후 변화에 적응하는 것도 목표로 삼고 있어요. 뿐만 아니라 '산업화 이전 대비 온도 상승을 2도 이하로 유지하고, 더 나아가 1.5도까지 억제하기 위해 노력'한다는 목표를 설정하고 있어요. 이 목표를 달성하기 위해서는 모든 당사국이 자국 내에서 다양한 정책을 통해 탄소 배출을 줄여

기후 변화 대응을 위한 대책

	교토의정서	파리협정
목표	온실가스 배출량 감축 1차 : 5.2퍼센트, 2차 : 18퍼센트	산업화 이전 대비 온도 상승 2도 이하 유지 (1.5도 목표 달성 노력)
범위	온실가스 감축에 초점	온실가스 감축뿐만 아니라 기후 변화 적응, 재원, 기술이전, 역량배양, 투명성 등을 포괄
감축 의무국가	주로 선진국	모든 당사국
목표 불이행시 징벌 여부	징벌적 (미달성 양의 1.3배를 다음 공약 기간에 추가)	비징벌적
지속 가능성	공약 기간 종료 시점이 있어 지속 가능성 불투명	종료 시점을 규정하지 않아서 지속 가능한 대응 가능
행위자	국가 중심	다양한 행위자의 참여 독려

나가야겠지요. 이러한 것을 가능하도록 하는 정책이 바로 '그린 뉴딜'입니다.

그린+사전

▶ **먼지, 미세먼지, 초미세먼지** 미세먼지는 공기 중에 흩날리는 먼지, 즉 우리의 눈으로 직접 볼 수 있는 작은 티끌보다 입자의 크기가 훨씬 작다. 대기 중에 부유하는 먼지 중 지름이 10마이크로미터 이하인 경우 미세먼지, 2.5마이크로미터 이하인 경우 초미세먼지라 한다(1마이크로미터는 1백만 분의 1미터).

▶ **불완전 연소** 물질이 연소할 때 산소의 공급이 부족하거나 온도가 낮으면 연료가 완전히 연소하지 못하는 현상이 나타난다. 이 현상으로 자동차 배기가스의 그을음이나 일산화탄소, 탄화수소가 배출된다.

▶ **미세플라스틱(microplastic)** 처음부터 미세플라스틱으로 만들어졌거나, 플라스틱이 깨지고 마모되면서 5밀리미터 미만 크기로 잘게 부서진 작은 플라스틱 조각

▶ **환경 위기 시계** 환경전문가들이 환경 파괴에 따른 인류 생존의 위기감을 시간으로 표시한 것을 환경 위기 시계라고 한다. 환경 위기 시계가 0~3시이면 '좋음'을 나타내며 3~6시는 '불안', 6~9시는 '심각', 9~12시는 '위험'한 상태를 뜻한다.

지구가 불타고 있다

생분해 물티슈와 비닐봉지

우리가 싸고 편리하다는 이유로 쉽게 사용하는 물티슈나 비닐봉지도 플라스틱의 한 종류라는 것을 알고 있나요?

종이 티슈와 달리 잘 찢어지지 않는 물티슈의 비밀은 바로 플라스틱에 있습니다. 물티슈는 합성섬유(폴리에스테르)와 인조섬유(레이온)를 섞은 부직포로 만들어요.

마트나 시장에서 물건을 담아 주는 비닐봉지 역시 플라스틱 제품이에요. 비닐봉지의 주성분은 폴리에틸렌이지요. 그래서 물티슈, 비닐봉지는 썩는 데 500년 이상 걸린다고 해요. 또 비닐을 불에 태우면 다이옥신과 같은 인체에 유해한 물질이 배출되고요.

물티슈와 비닐봉지 없는 삶을 상상해 보세요. 당장 엄청나게 불편할 거예요. 그렇다고 계속 쓰기에는 왠지 마음이 불편하고요. 방법은 있습니다. 바로 생분해 물티슈, 생분해 비닐봉지를 사용하는 거예요.

물티슈를 합성섬유로 만드는 이유는 비용 때문
이에요. 합성섬유를 더 많이 섞을수록 가격은 저렴
해지겠지요. 그래서 합성섬유 대신 천연 원단으로
만든 물티슈 가격은 조금 비쌉니다. 하지만 생분해
물티슈는 자연에서 한두 달 이내에 분해가 된다고 해요.

비닐봉지 또한 마찬가지예요. 비닐의 주성분인 폴리에틸렌 대신 생분
해성 수지와 콜라겐 등을 사용한 생분해 비닐은 인체에도 덜 해롭고, 자연
에서 분해되는 데 6개월~2년이 걸린다고 해요.

생분해 제품의 분해 과정은 다음과 같아요.

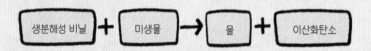

자연에서 미생물과 만나 물과 이산화탄소로 분해되어 사라지는 거예
요. 썩는 데 500년 이상 걸리는 합성섬유 물티슈, 플라스틱 비닐봉지와는
비교가 되지 않아요.

물티슈나 비닐봉지를 최대한 적게 쓰되, 꼭 필요하다면 생분해 제품을
쓰는 건 어떨까요?

2장

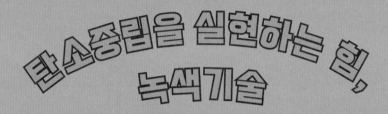

탄소중립을 실현하는 힘, 녹색기술

신재생에너지를 개발하라

신재생에너지를
만드는 녹색기술

#그린에너지 #에코하우스

#전기자동차 #태양+물+바람 #수소 #바이오매스

탄소중립을 실현하는 힘, 녹색기술

신재생에너지를 개발하라

18세기 산업혁명 이후 석탄과 석유의 사용량은 빠르게 늘어났습니다. 250여 년 동안 엄청난 양의 화석연료를 태우면서 땅속에 갇혀 있던 탄소가 대량으로 배출되었습니다. 화석연료가 지구 환경 오염의 주범이라는 데에는 누구도 이견이 없을 거예요. 그래서 탄소 배출량을 '0'으로 만들고, 지구의 온도 상승을 1.5도 이내로 제한해야 한다는 주장이 나오고 있고요.

그런데 탄소 배출량을 '0'으로 만드는 것이 과연 가능한 일일까요? 여기에서 말하는 탄소 배출량 '0'은 탄소 배출량과 탄소 흡수량을 맞추자는 거예요. 인간 활동으로 인한 탄소 배출량이 지구의 탄소 흡수량과 같아지면 '0'이 되니까요. 이것이 바로 '탄소중립'이에요. 탄소중립을 실현하기 위해서는 탄소를 배출하지 않는 대체 에너지를 개발하고, 이미 오염된 지구 환경을 되살릴 수 있는 과학 기술이 필요합니다.

그렇다면 화석연료를 대체할 에너지는 무엇일까요? 바로 전기에너지입니다. 전기에너지는 탄소를 배출하지 않습니다. 물론 지금까지는 전기에너지를 만들 때 화석연료를 사용했기 때문에 전기 자체는 탄소를 배출하지 않는다고 해도 전기를 만드는 과정에서 많은 탄소를 배출했어요.

그러나 탄소를 배출하지 않고도 전기를 생산하는 방법이 있습니다. 바로 신재생에너지 발전이에요. 신재생에너지는 신에너지와 재생에너지를 합쳐 부르는 말입니다. 우리나라도 3개 분야의 신에

에너지원 발전 비중 그래프

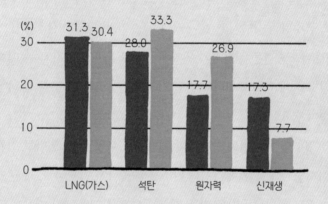

● 설비용량 비중(2021년 7월)　　● 발전량 비중(2021년 1~7월)

(%)

	LNG(가스)	석탄	원자력	신재생
설비용량 비중	31.3	28.0	17.7	17.3
발전량 비중	30.4	33.3	26.9	7.7

출처 : 한국전력

2030년까지 신재생에너지 발전량 비중을 20퍼센트까지
높이는 것이 목표다.

너지(연료전지, 석탄액화가스화, 수소에너지)와 8개 분야의 재생에너지
(태양열, 태양광, 바이오매스, 풍력, 소수력, 지열, 해양에너지, 폐기물에너지)
등 총 11개 분야를 신재생에너지로 지정하여 개발과 실용화를 위
한 노력을 하고 있습니다.

사라지지 않는 빛과 열, 태양에너지

태양은 끊임없이 열에너지와 빛에너지를 뿜어냅니다. 그 원리
는 무엇일까요? 태양의 중심은 우주에서 가장 작고 가벼운 원자로
알려진 수소로 가득 차 있어요. 그런데 이 수소가 다음과 같이 핵
융합 반응을 일으켜 헬륨으로 변환됩니다.

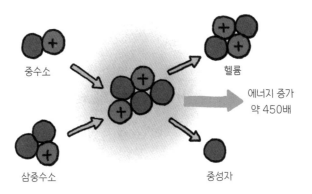

원자는 원자핵과 전자로 이루어져 있고, 원자핵은 다시 양성자 (분홍색)와 중성자(파란색)로 이루어져 있습니다. 태양은 양성자 1개와 중성자 1개로 이루어진 중수소와 양성자 1개와 중성자 2개로 이루어진 삼중수소로 가득 차 있습니다. 이 중수소와 삼중수소가 핵융합 반응을 하면 양성자 2개와 중성자 2개로 이루어진 헬륨이 만들어지면서 엄청난 핵폭탄급 열에너지와 빛에너지가 발생해요. 그리고 이 빛과 열이 태양계 전체에 방출되면서 우리가 사는 지구까지 전달됩니다.

태양열에너지와 태양광에너지는 무엇이 다른 걸까요? 태양열에너지는 태양에서 뿜어져 나오는 태양복사에너지 중 열에너지를 집열판에 모아 물을 끓여 증기를 발생시킨 다음 열교환기를 이용해 전기에너지를 만듭니다. 반면 태양광에너지는 태양광 발전 시스템을 이용해 빛에너지를 모아 전기에너지로 변환하고요. 따라서 태양열에너지는 열을 충분히 받을 수 있는 사막이나 덥고 건조한 지역에서 에너지를 만들기에 유리하고, 태양열이 그 정도로 강하지 않은 우리나라는 태양광 발전이 훨씬 유리합니다.

태양광 발전을 위해 개발된 것이 바로 태양전지입니다. 태양전지는 어떻게 전기를 발생시킬까요? 태양 빛이 실리콘 반도체로 만

태양열과 태양광 비교

	태양열	태양광
발전원	열에너지	빛에너지
발전 원리	열교환기를 이용해 열에너지를 전기에너지로 변환	태양광 발전 시스템을 이용해 빛에너지를 전기에너지로 변환
발전기 설치	사막이나 건조한 지역	넓은 대지
사용 목적	온수, 난방에 효율적	전력 생산

든 태양전지 판에 부딪치면 광전 효과(금속 등의 특정한 물질에 빛을 비추면 물질의 표면에서 전자가 튀어나오는 현상)에 의해 전자가 발생하여 전류가 흐르게 됩니다. 이 전류는 에너지 저장 장치(ESS)에 저장되고요.

태양광 발전은 유해 물질이 발생하지 않는 데다, 빛을 충분히 받을 수 있는 곳이라면 언제 어디서든 전기를 생산할 수 있습니다. 그러나 날씨의 의존도가 높아서 날이 흐리면 발전량이 줄어들고, 많은 에너지를 얻기 위해서는 넓은 땅이 필요하다는 단점이 있습니다. 무엇보다 가장 큰 단점은 태양전지 가격이 비싸다는 거예요. 그래서 태양광 발전 비중을 높이기 위해서는 태양전지 가격을 낮춰야만 합니다. 이 때문에 과학자들은 저렴하고도 많은 에너지를 얻을 수 있는 태양전지 개발을 위해 힘쓰고 있어요.

자연의 힘, 물과 바람

자연의 힘을 이용해 전기를 생산하는 기술도 있습니다. 바람의 힘을 이용해 전기에너지를 생산하는 것을 풍력 발전이라고 하고, 물의 힘을 이용해 전기에너지를 생산하는 것을 수력 발전이라고 해요. 물과 바람을 이용해 전기에너지를 만들어 낼 수 있는 과학적 원리는 바로 '에너지 보존 법칙'입니다. '에너지는 그 형태를 바꾸거나 다른 곳으로 전달할 수 있을 뿐 생성되거나 사라지지 않고 항상 일정하게 유지된다'는 것이 바로 에너지 보존 법칙이지요.

해안도로를 지나가다가 선풍기같이 생긴 커다란 날개가 천천히 돌아가고 있는 것을 본 적이 있을 거예요. 그게 바로 풍력 발전기예요. 바람이 불면 풍력 발전기의 날개(블레이드)가 회전하면서 발전기를 가동시킵니다. 이 발전기가 운동에너지를 전기에너지로 바꿔 주지요.

풍력 발전기를 본 적이 있다면 눈치챘겠지만, 풍력 발전기는 크기가 엄청나게 커서 넓은 땅덩어리가 필요한 데다 거대한 날개가 돌아가면서 엄청난 소음이 발생해요. 그래서 도시나 사람이 많이 모여 사는 곳에 설치하기 어렵습니다. 그 대안으로 요즘에는 바다에 풍력 발전기를 설치하는 해상풍력 발전 계획을 세우고 있어요. 바다는 육지보다 바람도 세고, 꾸준하게 바람이 불기 때문에 발전량을 높이는 데도 더 유리합니다.

산업통상자원부가 발표한 자료에 따르면 2030년에는 세계 해상풍력 설비가 177기가와트로 늘어날 전망이라고 해요. 2019년에

풍력 발전의 원리

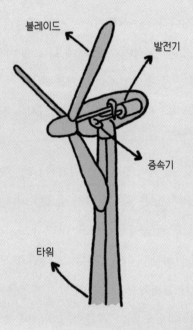

블레이드

발전기

증속기

타워

하늘을 날아다니는 새들과의 충돌을 방지하기 위해 세 개의 블레이드 중 하나를 검은색으로 칠하기도 한다.

29.1기가와트였던 것에 비교하면 연평균 17.8퍼센트씩 성장한다는 거예요. 우리나라도 2030년까지 10기가와트의 전력 생산을 목표로 하고 있어요. 이는 우리나라 총 전력 수요의 5퍼센트에 해당하는 전력량입니다.

해상풍력은 향후 재생에너지를 견인하는 중심 산업으로 떠오를 거라는 기대를 한몸에 받고 있어요. 물론 초기에 풍력 설비를 설치하면서 환경에 좋지 않은 영향을 미치겠지요. 따라서 환경 파괴를 최소화할 수 있는 노력과 기술 역시 필요합니다.

수력 발전은 위치에너지를 운동에너지로, 운동에너지를 다시 전기에너지로 바꾸는 방식으로 전기에너지를 만듭니다. 위치에너지란 물체의 위치에 따라 갖는 에너지를 말합니다. 물체가 높은 곳에 있으면 위치에너지가 크고, 낮은 곳에 있으면 위치에너지가 작겠지요. 이때 운동에너지의 크기는 반대가 됩니다. 예를 들어 물이 높은 곳에 정지해 있을 때 위치에너지는 최대지만 운동에너지는 0이에요. 물이 아래로 떨어지면 어떻게 될까요? 위치에너지는 점점 작아지지만 운동에너지는 점점 커집니다. 물이 가장 낮은 곳에 위치하는 순간, 운동에너지가 가장 커지는 거예요. 수력 발전은 바로 이러한 원리를 이용해 전기에너지를 만듭니다.

강이나 호수에 물이 흐르지 못하게 설치해 놓은 댐을 본 적이 있지요? 댐은 비가 많이 올 때 물을 가두어 홍수를 막기도 하고, 가뭄이 들었을 때 가두어 둔 물을 사용할 수도 있고, 전기를 생산할 수도 있어요. 이렇게 여러 가지 목적으로 사용되는 댐을 다목적댐이라고 합니다. 댐의 수문을 열면 물이 아래로 떨어지고, 아래에 있는 터빈이 회전을 합니다(위치에너지→운동에너지). 터빈이 돌면서 발전기를 가동시키면 전기가 만들어지고요(운동에너지→전기에너지).

이렇게 다양한 목적으로 사용할 수 있는 댐을 많이 만들면 더 많은 전기를 얻을 수 있지 않냐고요? 그렇지 않습니다. 우리나라에 큰 규모 수력 발전소는 이미 차고 넘칠 만큼 많이 있는 데다 새롭게 건설하기 위해서는 자연 훼손을 감수할 수밖에 없습니다.

그래서 과학자들은 소수력 발전 기술에 주목하고 있습니다. 소수력 발전은 말 그대로 규모가 작은 수력 발전이라고 이야기할 수 있어요. 우리나라의 경우 1000키로와트~10메가와트의 발전 용량을 가지는 것을 소수력이라고 정의합니다. 다른 발전보다 발전량이 적은 소수력이 미래의 에너지 생산에 얼마나 큰 효과가 있을지 의문이 들 수도 있어요. 하지만 오히려 규모가 작은 게 소수력 발

수력 발전의 원리

위치에너지   운동에너지

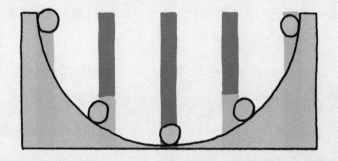

바퀴를 돌려서 곡식을 찧는 물레방아도 물의 낙차를 이용해 운동에너지를 얻는다.

전의 장점이에요. 소수력 발전은 정화조로 흘러가는 상하수도나 농업용 저수지, 고층 빌딩에서 생기는 물의 낙차를 이용해서 전기를 만들 수 있습니다. 풍력 발전이나 태양열 발전처럼 넓은 부지를 필요로 하지도 않고, 구조가 간단해서 유지·보수도 쉽습니다. 게다가 전기를 만드는 데 걸리는 시간이 짧아서 비상시에 가동하는 용도로도 사용할 수 있지요. 공간의 제약을 받지 않고, 건설 비용도 훨씬 저렴한 데다, 발전 시간도 짧은 소수력발전 기술의 미래가 더욱 기대됩니다.

풍력에너지와 수력에너지뿐만 아니라 대부분의 재생에너지는 자연이 가지고 있는 본연의 힘을 전기에너지로 바꾸는 기술을 통해 만들어집니다. 그래서 과학자들은 환경을 훼손하지 않는 에너지원을 이용해 전기에너지를 만들 수 있는 다양한 방법을 끊임없이 연구하고 있습니다.

수소와 연료전지의 만남

수소 자동차가 상용화되면서 석유를 대체할 미래의 청정에너지로 수소에너지가 큰 관심을 받고 있습니다. 하지만 환경단체 그린 피스는 지금 생산하고 있는 수소에너지가 환경적으로나 경제적으로 문제가 많은 '그레이 수소'라고 비판했습니다. 전 세계 수소의 95퍼센트가 화석연료인 천연가스로 만들어지고 있는 데다 수소 자동차의 에너지 효율은 전기 자동차의 50퍼센트에도 미치지 못한다는 주장이었지요.

수소는 생산 방식에 따라서 그레이 수소, 브라운 수소, 그린 수소로 나뉩니다. 천연가스를 이용해 만들어지는 수소를 그레이 수소, 갈탄이나 석탄을 태워 생산하는 수소를 브라운 수소, 태양광이나 풍력 등 재생에너지에서 생산된 전기로 물을 전기 분해하여 생산하는 친환경 수소를 그린 수소라고 합니다.

화석연료의 성분에도 수소에너지가 포함되어 있습니다. 하지만 연소하면서 산소와 만나 탄소를 발생시킵니다. 하지만 물을 이용해 탄소 발생 없이 오직 수소에너지만 만들어 내는 기술이 있다면 어떨까요? 화석연료를 완벽하게 대체할 수 있는 에너지원을 사용하면서도 오염 물질 걱정은 없는 최상의 에너지를 갖게 되는 거예요. 그래서 과학자들은 재생에너지를 이용해 수소를 생산하는 그린 수소 연구에 박차를 가하고 있습니다.

물을 전기 분해하는 방법은 다음과 같습니다.

재생에너지를 이용해 그린 수소를 얻는 기술은 간단하지만, 안타깝게도 아직까지 그린 수소의 경제적인 효율이 높지 않습니다. 〈맥킨지 에너지 인사이트〉 보고서에 따르면 재생에너지를 이용한 수소에너지 생산 비용이 2020년에는 1킬로그램당 12.9달러 수준이지만 2030년 2.72달러, 2050년 1.36달러로 점점 낮아질 거라고 예상하고 있습니다. 과학기술이 발달하면 30년 후에는 지금보다 90퍼센트 저렴한 비용으로 수소를 생산할 수 있다는 거예요.

물을 전기 분해해서 수소와 산소를 만드는 반응을 거꾸로 돌리면 어떻게 될까요? 수소와 산소로 물과 전기를 만들 수 있어요. 이런 원리를 이용해 개발한 것이 바로 수소 연료전지입니다.

연료전지는 수소 반응극과 산소 반응극, 전해질막, 촉매로 구성

수소 연료전지

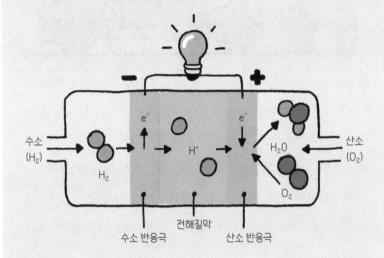

왼쪽에 수소를 넣고, 오른쪽에 산소를 넣은
다음 화학 반응을 도와주는 촉매제를 넣으면
물과 전기가 만들어진다.

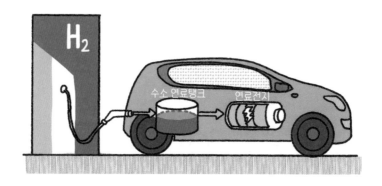

되어 있어요. 연료전지 왼쪽에 수소를, 오른쪽에 산소를 넣으면 먼저 수소가 수소 반응극에서 촉매와 만나 수소 이온(H^+)과 전자($e-$)로 쪼개집니다. 수소 이온은 다시 전해질 막을 통과해 산소 반응극에서 산소와 만나 물(H_2O)이 됩니다. 그리고 전자는 회로를 돌며 전류를 발생시킵니다.

연료전지 기술은 수소 자동차를 만드는 데 주로 사용하고 있어요. 위 그림처럼 수소 자동차에는 수소 연료탱크와 연료전지가 달려 있어서 수소 충전소에서 공급받은 수소를 연료탱크에 저장하면 연료전지가 전기에너지로 바꾸어 주기 때문에 자동차가 달릴수 있는 거예요.

식물의 광합성, 바이오매스

물이나 바람뿐만 아니라 바이오매스를 이용해 에너지를 얻는 바이오에너지 기술이 새롭게 주목을 받고 있습니다. 바이오매스란 태양에너지를 공급받아 살아가는 식물이나 미생물, 그리고 이를 먹고 살아가는 동물들을 포함하는 생물 유기체를 말해요. 많이 사용되는 바이오매스 자원으로는 나무, 농산품과 사료작물, 농작물의 폐기물과 찌꺼기, 수초, 가축 배설물, 음식물 쓰레기 등 다양합니다.

물론 바이오에너지를 사용할 때도 이산화탄소가 배출되기는 합니다. 그럼 화석연료와 뭐가 다르냐고요? 옥수수나 사탕수수 같은 식물계 바이오매스 에너지원은 성장하면서 광합성을 합니다. 그 과정에서 상당량의 이산화탄소를 흡수하기 때문에 지구에 남는 이산화탄소 총량을 따져 보면 화석연료에 비해 그 영향이 미미한 수준이지요.

식물의 호흡과 광합성 과정을 살펴볼까요? 우리 인간을 포함한 모든 생명은 호흡을 합니다. 특히 식물은 호흡을 통해 유기물을 분해하여 생활에 필요한 에너지를 얻습니다. 이 과정에서 이산화탄

호흡

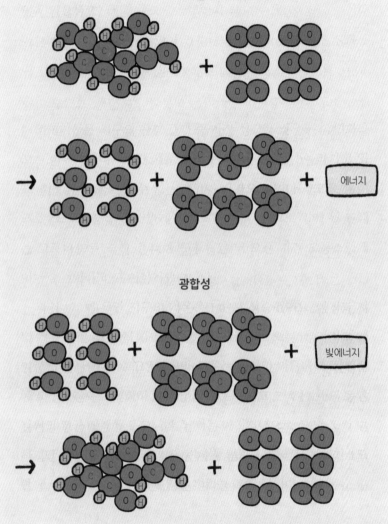

광합성

소를 배출하고요. 그러나 식물은 태양 빛이 강한 낮 시간에 광합성을 하면서 많은 양의 이산화탄소를 흡수하고 동시에 산소를 배출합니다. 식물이 광합성을 통해 흡수하는 이산화탄소의 양이 호흡을 하면서 배출하는 이산화탄소의 양보다 몇 배나 많기 때문에 결국 식물을 키우면 이산화탄소가 줄어드는 효과가 있습니다. 그러니 산림을 복원하고 도시 숲을 조성하면 공기 중에 있는 이산화탄소를 줄일 수 있겠지요?

바이오에너지는 다양한 바이오매스를 원료로 해서 만드는 바이오에탄올, 바이오가스, 바이오디젤, 바이오수소 등을 말해요. 예를 들어 바이오에탄올은 옥수수나 밀, 보리 등에 효소를 섞어 포도당을 만든 뒤 발효시켜 만든 결과물이고, 바이오디젤은 콩, 유채, 해바라기 씨에 효소를 섞어 발효시켜 만든 결과물입니다. 환경부에 따르면 경유에 바이오디젤을 20퍼센트 혼합해서 사용하면 환경 오염 배출 물질을 30~40퍼센트나 줄일 수 있다고 합니다.

바이오에너지의 생산 과정을 보면 생활환경에서 에너지원을 쉽게 얻을 수 있는 데다 화석연료와 달리 환경 오염 물질이 덜 발생된다는 것을 알 수 있습니다. 뿐만 아니라 각종 폐기물을 에너지원으로 사용하기 때문에 폐기물이나 쓰레기로 인한 환경 오염 문제도 해결할 수 있습니다. 재생 플라스틱 등 석유화학 제품을 대체하는 제품도 만들 수 있고요.

바이오에너지를 개발하는 데 무엇보다 중요한 것은 바이오매스 에너지원이 매우 다양한 만큼 각 나라의 실정에 맞는 에너지원을 찾는 거예요. 예를 들어 땅이 넓은 나라라면 사탕수수나 옥수수를 대량으로 심어 에너지원으로 사용할 수 있겠지만 땅이 좁은 나라라면 균이나 쓰레기를 에너지원으로 하는 바이오 기술이 필요하겠지요. 환경도 살리고, 에너지원도 얻을 수 있는 바이오에너지 기술이 어떻게, 얼마나 발달할지 무척 기대가 됩니다.

그린+사전

▶ **지열에너지** 토양, 지하수, 지표수 등이 지구 내부의 열 또는 태양복사 에너지에 의해 보유하고 있는 에너지를 말한다. 지열 발전소는 주로 화산 활동이 활발하거나 온천이 발달한 지역에 만든다.

▶ **해양에너지** 바다에서 파도의 힘을 이용하는 파력 발전, 밀물과 썰물을 이용(조석 간만의 차)하는 조력 발전, 좁은 해협의 조류를 이용하는 조류 발전, 바다의 표층과 심층의 온도차를 이용하는 해양 온도차 발전을 통해 얻을 수 있는 에너지를 해양에너지라고 한다.

▶ **폐기물에너지** 산업이나 가정에서 발생한 가연성 폐기물을 에너지원으로 해서 얻은 에너지를 말한다. 폐기물의 종류나 가공 및 처리 방식, 생산되는 연료의 형태 등에 따라 플라스틱 열분해 연료유, 폐유 정제유, 성형 고체연료, 폐기물 소각열 등으로 구분할 수 있다.

빛의 절대 강자 LED

LED(Light Emitting Diode)는 전류를 흘려 주면 빛을 발하는 반도체 소자로, 발광 다이오드라고도 해요. 1962년 적색 LED가 발명되었고, 1990년대 초에 청색과 녹색 LED가 발명되었어요. 그래서 삼원색(RGB)을 조합해 백색 빛을 내는 LED를 만들어 낼 수 있었지요.

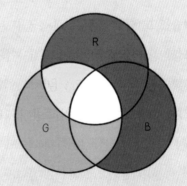

LED는 백열등이나 형광등에 비해 에너지 효율이 높아요. 이를 '광효율'이라고 해요. 공급받은 전기에너지 대비 얼마만큼의 빛을 만들어 낼 수 있는지를 말하는 거예요. LED는 전기에너지의 90퍼센트까지 빛으로 전환할 수 있는 데 반해 형광등은 40퍼센트, 백열등은 5퍼센트밖에 되지 않아요. 형광등이나 백열등보다 LED의 전력 소비가 적다는 거예요.

LED의 또다른 장점은 전구 수명(LED 약 4만 시간, 형광등 6,000~1만 6,000시간, 백열등 1,000~3,000시간)이 길어서 폐기물의 양을 줄일 수 있고, 형광등과 달리 자외선이 발생되지 않아서 제품을 변색시키지 않아요. 발열도 거의 없어서 식품 조명으로 사용하기에도 좋고요.

LED의 단점은 비싸다는 거예요. 하지만 전력 소비량이 낮아서 장기적으로 보면 더 이득일 수 있어요. 그리고 기술이 발전할수록 LED 가격도 점점 낮아질 거예요.

우리나라 신호등에 사용하던 백열전구도 점차 LED로 교체하고 있어요. 전기요금이 저렴한 것은 당연하고, 유지·보수 비용도 75퍼센트 이상 절감할 수 있기 때문이지요. 뿐만 아니라 LED 신호등으로 교체한 다음에 교통사고도 많이 줄어들었다고 해요.

우리 집 백열등과 형광등을 LED로 교체하면 전기에너지도 절약하고, 환경 오염도 줄일 수 있겠지요?

3장

환경을 지키는 힘, 녹색기술

환경 오염을 최소화하라

환경 오염을 줄이는
녹색기술

#이산화탄소포집 #플라스마

#중수도 #해수담수화 #빗물저금통

환경을 지키는 힘, 녹색기술

환경 오염을 최소화하라

탄소 배출을 줄이기 위한 대체 에너지를 개발하는 것 말고도 대기 오염, 수질 오염, 토양 오염, 쓰레기 처리 문제, 산림 훼손 등으로 망가진 환경을 되살리기 위한 노력에도 힘을 써야 합니다. 신재

생에너지가 중장기적으로 해결해야 할 과제라면 환경 오염 문제는 지금 당장 해결해야 할 시급한 문제입니다. 바로 오늘 내가 마실 공기, 먹을 물, 발 딛고 선 땅에서 일어나고 있는 일이니까요.

기후 변화의 주범, 이산화탄소 처리 기술

신재생에너지 개발과 보급이 순조롭게 진행된다고 하더라도 화석연료를 100퍼센트 대체하기까지는 꽤 많은 시간이 필요합니다. 그렇기 때문에 지금 이 순간에도 배출되고 있는 오염 물질, 특히 이산화탄소를 모으고 처리하는 것이 매우 중요합니다. 이산화탄소를 처리하는 기술은 이미 CCS, CCU, DAC 등 매우 다양한 방법이 개발되어 있습니다.

발전소, 철강, 시멘트 공장 등 폐기물 배출량이 큰 곳에서 배출하는 이산화탄소를 흡수제, 분리막, 순산소 연소 등을 이용하여 모으고, 그렇게 모은 이산화탄소를 운반해 땅속과 바다에 저장하는 기술을 CCS(Carbon Capture and Storage)라고 합니다.

CCS가 이산화탄소를 땅속이나 바다에 저장하는 기술이라면, CCU(Carbon Capture and Utilization)는 이산화탄소를 모아서 활용하

CCS 기술

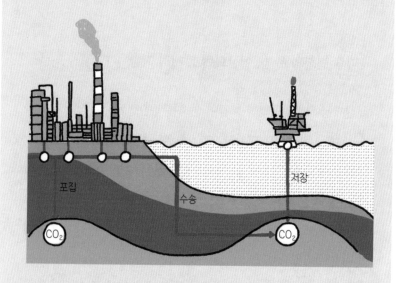

CCS 기술의 단점은 포집한 이산화탄소를 옮기는 데 많은 비용이 발생한다는 것과 저장에 한계가 있다는 것이다.

는 기술이에요. 땅속이나 바다에 이산화탄소를 저장하는 데에는 한계가 있기 때문에 모은 이산화탄소를 사용하는 기술은 한 단계 발전한 기술이라고 할 수 있습니다. 이산화탄소는 탄산음료나 드라이아이스를 만들 때 사용하기도 하고, 식물의 광합성을 높이기 위해 비닐하우스에서 사용하기도 합니다. 또 미세조류를 배양하거나 친환경 플라스틱을 만들 때도 사용합니다.

공기 중에 떠다니는 이산화탄소를 직접 포집하는 기술도 있습니다. 바로 DAC(Direct Air Capture)라는 기술이에요. DAC는 선풍기 날개와 같은 거대한 팬을 돌려서 이산화탄소를 모으고, 깨끗한

환경을 지키는 힘, 녹색기술

공기는 외부로 다시 내보냅니다.

이산화탄소를 배출하지 않는 것도 중요하지만 이미 배출한 이산화탄소를 포집하는 기술 또한 매우 중요합니다. 과학자들은 지금 이 시간에도 더 나은 이산화탄소 처리 기술 연구에 힘쓰고 있습니다.

생활 쓰레기 처리 기술, 플라스마

2018년 한국환경공단 발표에 따르면 우리나라에서 하루 동안 버려지는 쓰레기 양은 43만 899톤이라고 합니다. 1년으로 계산하면 약 1억 5,700만 톤으로, 15톤 덤프트럭 약 1,000만 대가 가득 차는 양이에요.

이렇듯 버려지는 쓰레기는 점점 늘어나는데, 처리 시설은 갈수록 줄어들고 있는 게 현실입니다. 각종 유해 물질이 배출된다는 이유로 혐오 시설 취급을 받는 소각 시설은 점점 줄어들고 있고, 매립 시설 용량도 고작 28퍼센트만 남아 있는 상황입니다. 이 숫자가 '0'이 되면 더 이상 쓰레기를 묻을 곳도 없다는 거예요. 게다가 쓰레기 처리 방법, 즉 폐기물 소각 처리는 매립이 조금 더 쉽도록 태

국내 폐기물 일일 발생량

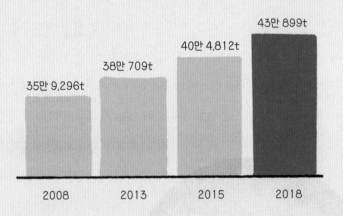

43만 899t

40만 4,812t

38만 709t

35만 9,296t

2008   2013   2015   2018

출처: 한국환경공단

매년 늘어나고 있는 폐기물 배출을 줄여야 한다. 일회용품 사용을 자제하는 것이 방법 중 하나이다.

워서 부피를 줄일 뿐, 본질적인 처리라고 하기 어렵습니다. 유독 물질을 포함하고 있는 산업 폐기물은 소각할 수도 없습니다. 소각할 때 유독 물질이 배출되기 때문이에요. 그래서 안전하게 폐기물을 처리하는 과학기술 개발이 필요합니다.

최근 플라스마를 이용한 친환경 폐기물 처리 기술이 개발되어 많은 관심을 받고 있습니다. 우리는 일반적으로 물질의 상태를 고체, 액체, 기체로 알고 있지만 사실은 하나가 더 있습니다. 바로 플라스마 상태입니다. 플라스마란 초고온에서 가스 입자가 이온(전기적 성질을 띠는 입자)과 전자로 분리되어 있는 상태를 말합니다. 놀랍게도 우주를 채우고 있는 물질의 99퍼센트 이상이 고체, 액체, 기체도 아닌 플라스마 상태라고 합니다.

그렇다면 어떻게 플라스마로 폐기물을 처리할까요? 1만도 이상의 고온 플라스마로 폐기물을 가열하면 폐기물 내의 유기물은 열분해되어 단위 분자인 수소·일산화탄소 등으로 쪼개져서 가스가 되고, 무기물은 완전 연소되거나 액체 상태로 녹은 다음 슬래그화하여 배출됩니다. 무산소 내지 저산소 상태로 폐기물을 태우기 때문에 다이옥신, 질소 산화물, 황산화물 등 일반적인 방법으로 소각할 때 배출되는 유독 물질이 원천 봉쇄됩니다.

플라스마를 이용하면 기존에는 소각할 수 없었던 유리섬유, 석면, 병원 폐기물 등도 효과적이고 안정적으로 폐기할 수 있습니다. 또 폐기물의 부산물인 슬래그는 건축 자재로 재활용할 수 있고, 배출되는 열분해가스는 정화해서 친환경 수소 생산 원료로 사용할 수 있습니다.

2022년 6월부터 카페나 패스트푸드 전문점에서 일회용 컵으로 음료를 주문하면 보증금을 내야 합니다. 일회용품을 줄이고, 개인 텀블러 사용을 권장하기 위해서지요. 이렇듯 쓰레기를 줄이는 것, 일회용품 사용을 자제하는 것은 조금 불편한 일일 수 있습니다. 그러나 쓰레기로 몸살을 앓고 있는 지구를 위해 조금의 불편함을 기꺼이 감수하는 것이 우리가 할 수 있는 환경 보호의 작은 실천이 될 거예요.

다시 쓰는 물, 중수도

우리가 집에서 설거지나 빨래, 샤워를 하고 나서 하수구에 버리는 물은 어디로 흘러갈까요? 만약 이 물이 어떠한 처리도 없이 강으로 흘러간다면 강은 쉽게 오염될 것이고, 그 오염된 물을 우리가 다시 먹게 되겠지요. 우리가 사용하는 물, 즉 수돗물은 상수, 우리가 버리는 물은 하수라고 합니다. 하수 처리가 제대로 되어야 오염되지 않은 물이 하천으로 흘러갈 수 있겠지요.

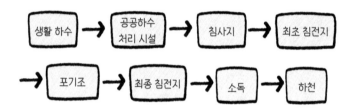

우리가 사용하는 수돗물이 정수 시스템을 거쳐 상수도관으로 공급되는 것처럼 우리가 사용한 하수도 공공하수 처리 시설로 모인 다음 처리 과정을 거쳐 하천으로 흘러갑니다.

침사지에서는 흙, 모래 등 하수에 섞여 있는 각종 찌꺼기를 걸러 냅니다. 찌꺼기가 걸러진 하수는 최초 침전지로 이동해 2~3시간 동안 이물질을 가라앉혀서 분리하는 과정을 거칩니다. 그리고 포기조로 이동해 6시간 동안 산소를 공급하면서 호기성 미생물을 성장·번식시킨 다음 유기물질을 흡착·분해합니다. 마지막으로 최종 침전지에서 다시 2~3시간 동안 이물질을 가라앉혀서 2차로 이물질을 분리한 다음 소독조로 이동합니다. 이곳에서 소독을 마친 하수는 하천으로 방류되고요.

생활 하수가 이렇게만 처리된다면 수질 오염은 크게 걱정할 필요가 없을 것만 같습니다. 하지만 우리나라 하수 처리 시설 보급률은 100퍼센트가 아닙니다. 환경부의 '2018년 하수도 통계'에 따르면 우리나라 하수도 보급률은 93.9퍼센트라고 합니다(농어촌 지역 72.6퍼센트). 하수 처리를 거치지 않고 그대로 하천으로 흘러가는 생활 하수가 아직 많다는 거예요. 또한 물의 사용량이 많아지고 세제 등 화학 제품 사용이 늘면서 하수 처리 시설로도 다 해결하지 못하는 문제가 발생하고 있습니다. 그래서 물을 아껴서 사용하고, 화학 제품 대신 친환경 제품을 사용하는 노력이 필요한 거예요.

한편, 물이 부족해서 잘 마시지도 못하고, 씻지도 못하는 나라들이 많습니다. 우리나라와는 상관없는 먼 나라 이야기일까요? 하지만 우리나라도 곧 물 부족 국가가 될 수도 있습니다. UN에서 발표

국민 1인당 하루 물 소비량

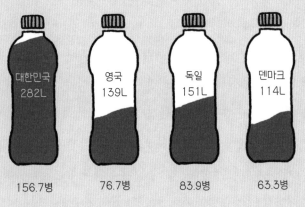

대한민국 282L	영국 139L	독일 151L	덴마크 114L
156.7병	76.7병	83.9병	63.3병

* 1.8L 페트병 기준

출처 : 한국수자원공사

우리가 마시거나 씻거나 화장실 물을 내릴 때 사용하는 물뿐만 아니라 물건 하나를 만들어 낼 때 필요한 물까지 포함된 소비량 통계이다.

한 〈2019년 세계 물 보고서〉의 '국가별 물 스트레스 수준'에 따르면 우리나라는 물 스트레스 지수가 25~70퍼센트였습니다. 물 스트레스 지수는 연평균 사용할 수 있는 수자원에서 물의 수요량이 차지하는 비중을 뜻합니다. 물 스트레스 지수가 80퍼센트 이상이면 '극심한' 단계, 40~80퍼센트는 '높은' 단계, 20~40퍼센트는 '중간 이상 높은' 단계, 10~20퍼센트는 '보통' 단계, 10퍼센트 이하는 '낮은' 단계로 분류하였어요. 물 스트레스 지수가 높을수록 물 부족 문제가 심각한 상태라는 거예요. 즉, 우리나라는 UN이 지정한 '물 스트레스가 높은 국가'로 분류된 것입니다.

물 사용량이 지속적으로 빠르게 증가하고 있는 상황에서 수자원까지 오염된다면 우리가 사용할 수 있는 물의 양은 점점 줄어들게 됩니다. 그래서 과학자들은 하수를 재활용하는 대체 수자원 기술 연구와 개발에 힘쓰고 있습니다. 예를 들어 하수 처리한 물을 공업·농업 용수로 사용하는 중수도 이용, 물이 스며들지 않는 도시 건축물(옥상)이나 도로(아스팔트)에 내린 빗물을 '빗물 저금통'에 모아서 청소 용수나 조경 용수로 사용하는 빗물 이용, 증발법·역삼투법·전기투석법 등의 기술을 활용해 바닷물의 염분을 제거해 민물화하는 해수 담수화 등 새로운 방식으로 수자원을 확보하는

환경을 지키는 힘, 녹색기술

것이지요. 특히 식수처럼 깨끗한 물이 필요하지 않은 화장실 용수, 청소 용수, 살수 용수, 세차 용수, 조경 용수, 공업 용수로 중수도나 빗물을 활용하면 물 부족을 어느 정도 메울 수 있을 거예요.

수많은 과학자와 공학자가 에너지 전환 기술, 오염된 환경을 정화하는 기술 개발을 진행하고 있습니다. 하지만 이런 기술이 개발된다고 하더라도 정부의 지원과 정책이 뒷받침되지 않는다면 현실적인 어려움에 부딪치게 될 거예요. 정부가 투자하고 지원하는 그린 뉴딜과 과학자들의 녹색기술 개발, 그리고 시민들의 환경 보호를 위한 노력이 어우러져야 병든 지구를 되살릴 수 있습니다.

그린+사전

▶ **탄소 발자국** 개인 또는 기업, 국가 등의 단체가 활동이나 상품을 생산하고 소비하는 전체 과정을 통해 발생시키는 온실가스, 특히 이산화탄소의 총량을 의미한다. 일상생활에서 사용하는 연료와 전기뿐만 아니라 우리가 사용하는 물건이 모두 포함된다.

▶ **탄소 라벨** 원료 채취에서부터 생산, 유통, 사용, 폐기 등 제품 생산의 모든 과정에서 발생하는 이산화탄소 배출량을 제품에 표시하는 제도를 말한다.

▶ **탄소세** 지구 온난화 방지와 이산화탄소 저감 대책의 하나로, 선진국을 중심으로 논의되고 있는 세금이다. 이산화탄소를 배출하는 석유, 석탄 등 화석연료 사용량에 따라 세금을 부과한다.

환경을 지키는 힘, 녹색기술

하천을 살리는 EM 흙공

EM(Effective Microorganisms)은 유용한 미생물이라는 뜻으로, 자연계에 존재하는 수많은 미생물 중 인간에게 유익한 미생물 80여 종을 조합·배양한 미생물 복합체를 말해요. 효모균·유산균·광합성 세균이 EM을 구성하고 있는 주요 균종이며, 나쁜 미생물을 줄이고 좋은 미생물을 늘려 유익한 환경을 만들어 주지요.

> 유산균 = 해로운 미생물 억제
> 효모균 = 세포의 활성화 및 생리활성 물질(호르몬) 생산
> 광합성 세균 = 항산화 기능(산화 방지) 및 악취 제거

'마법의 친환경 용액'이라고도 불리는 EM 발효액은 물에 1:100으로 희석해서 주방 세제, 섬유 유연제, 욕실·주방 청소 세제 대신 사용할 수 있어요. 또 새집 증

후군이나 실내 공기 정화에도 탁월한 성능을 보이
고요.

EM의 놀라운 효과 중에 하나는 수질을 개선해
준다는 거예요. EM 활성액 + 황토 + 발효 촉진제
를 반죽해서 발효시킨 것을 'EM 흙공'이라고 해요. EM 흙공을 하천에 던
져 넣으면 하천 바닥에 쌓여 있는 오염 물질을 제거하는 것은 물론 하수 유
입으로 오염된 도심 하천의 악취도 제거해 줘요. 그래서 여러 지방자치단
체나 환경단체에서는 수질 개선을 위한 실천으로 지역 하천에 EM 흙공을
던져 넣는 행사를 하기도 해요.

◎ EM 흙공 활용법

1. 황토 1.9킬로그램, EM 발효촉진제 160그램, EM 활성액 500밀리
   리터를 모두 섞어 반죽한다.
2. 반죽을 공 모양으로 빚는다(EM 흙공 10개 분량).
3. 상온에서 일주일 간 발효시킨다. 단, 형광등 불빛이나 건조한 곳은
   피한다.
4. 균이 잘 자란 흙공을 주변 하천에 던진다(흙공 한 개당 주변 1제곱미터
   정화).

4장

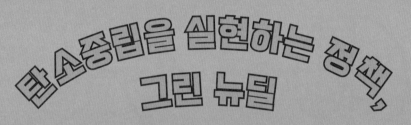

탄소중립을 실현하는 정책, 그린 뉴딜

그린+뉴딜의 만남

그린 뉴딜

#화석연료의종말 #그린+뉴딜

#녹색산업 #녹색성장 #4차산업혁명

탄소중립을 실현하는 정책, 그린 뉴딜

그린+뉴딜의 만남

　최근 에너지, 환경뿐만 아니라 정치, 경제 등 많은 분야에서 주요 이슈로 떠오르는 단어는 무엇일까요? 바로 '그린 뉴딜'입니다. 그린 뉴딜은 '그린'과 '뉴딜'의 합성어예요. 그린(Green)은 기후 변화와 환경 문제에 대응한다는 의미를 담고 있고, 뉴딜(New Deal)은 1933년에 미국의 루스벨트 대통령이 경제 공황에 대처하기 위하여 시행한 경제 부흥 정책을 뜻하는 말이지요. 따라서 그린 뉴딜은 녹색산업 지원을 통한 경제 부흥 정책이라고 할 수 있습니다.

그린 뉴딜을 이해하기 위해서는 녹색산업이 무엇인지를 먼저 이해해야 합니다.

녹색산업의 시대가 온다

세계적으로 유명한 사회학자이자 경제학자인 제러미 리프킨은 《글로벌 그린 뉴딜》에서 '2028년 화석연료 문명의 종말'을 이야기합니다. 미래에는 채굴기로 석유를 파내는 것보다 태양열 발전과 풍력 발전 등으로 친환경 에너지를 얻는 것이 훨씬 쉽고 싸기 때문에 친환경 산업과 기업들이 득세하게 될 거라고 예측한 것이지요.

녹색산업은 정말 기존의 산업을 대체할 수 있을까요? '두산백과 사전'에서는 녹색산업을 다음과 같이 정의하고 있습니다.

기존의 산업 구조를 친환경적으로 재구축하여 자연 친화적 체제를 갖

춘 산업을 의미하는 말이다. 경제 활동 전반에 이용되는 에너지 및 자원의 고효율화, 그리고 이와 관련한 재화 및 서비스 생산에서 저탄소 녹색 성장을 추구한다.

여기서 주목할 내용은 '친환경', '에너지 및 자원의 고효율화', '저탄소 녹색 성장'이에요. 녹색산업은 산업 구조를 싹 다 뒤집어엎는 것을 말하는 게 아니에요. 그러면 오히려 자원이 낭비될 테니까요. 기존의 산업 구조를 친환경적으로 바꿔서 경제 활동에 이용하는 에너지와 자원의 효율을 높이자는 거예요. 그러면 에너지와 자원을 절약할 수 있기 때문에 탄소 배출도 그만큼 줄어들게 되겠지요. 다시 말해 자원을 효율적으로 사용해서 생산성은 높이고 탄소 배출과 공해는 줄이는 모든 산업, 그리고 자원을 재활용하는 모든 산업을 녹색산업이라고 할 수 있어요.

기존의 산업 구조를 친환경적으로 바꾸는 것이 왜 필요할까요?

첫째, 지금까지 한정된 지구의 자원, 특히 석유·석탄 등의 화석 연료를 과도하게 사용해 왔기 때문이에요. 지구의 자원은 한정되어 있는데, 지금과 같은 산업 체계를 고집한다면 앞으로는 경제 발전은 커녕 유지하는 것도 버거울 거예요. 다가올 자원 고갈 문제를

예측하고 대처할 방안을 찾아야만
합니다.

둘째, 지구 온난화에 따른
기후 변화의 주범인 탄소
배출을 줄여야만 하기 때문
이에요. 과학자들이 전 지구
적으로 가장 걱정하는 문제는
바로 기후 변화입니다. 우리가 사
는 지구의 온도는 매년 점점 높아지고
있고, 이런 기후 변화가 전 세계에 온갖 이상 기후 현상을 일으키
고 있어요. 과학자들은 지구의 온도가 2도만 올라가도 결국 인간
이 살 수 없는 곳이 될 것이라고 경고합니다.

그렇기 때문에 에너지와 자원을 절약하고 효율적으로 사용하여
기후 변화와 환경 훼손을 줄이고, 청정에너지와 녹색기술의 연구
개발을 통하여 새로운 성장 동력을 확보해 새로운 일자리를 만들
어야 합니다. 경제와 환경이 조화를 이루는 성장, 즉 '녹색 성장'이
필요한 거예요.

탄소중립을 실현하는 정책, 그린 뉴딜

녹색 성장, 지속 가능한 미래

미국과 유럽에서는 이미 오래전부터 녹색산업이 발전하기 시작했습니다. 미국의 환경시장 컨설팅 연구소(EBI)의 발표에 따르면 2020년 기준 세계 녹색산업 시장 규모는 약 1조 2,000억 달러(한화 약 1,320조 원)라고 해요. 2020년 기준 전 세계 반도체 시장 규모가 4,498억 달러라고 하니 녹색산업의 시장 규모는 반도체 시장의 거의 3배에 달할 정도로 커졌습니다. 더욱 주목할 만한 사실은 코로나19로 인해 대부분의 산업이 침체에 빠졌지만 녹색산업은 꾸준히 성장하고 있다는 것입니다.

그렇다면 우리나라의 녹색산업은 어떨까요? 요즘 들어 태양광 바람이 불고 있다고 하지만 아직까지 우리나라 녹색산업의 규모는 미미한 수준에 그치고 있습니다. 2020년 환경부에서 발표한 '녹색산업 세계 시장 점유율'에 따르면 우리나라 점유율은 2퍼센트에 불과하다고 해요(미국 31퍼센트, 유럽 30퍼센트, 일본 9.5퍼센트). 그럼에도 불구하고 희망적인 것은 우리나라 녹색산업이 조금씩이지만 매년 성장하고 있다는 점입니다.

녹색 성장은 '지속 가능한 성장'이라고도 할 수 있어요. 우리 사

신재생에너지 세계시장 규모

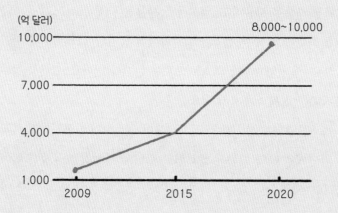

(억 달러)

8,000~10,000

출처 : 산업통상지원부

녹색산업 세계시장 규모 1조 2,000억에서
신재생에너지가 차지하는 세계시장 규모는
8,000억 달러 이상이다.

회의 지속 가능한 발전을 위해서는 지구가 수용할 수 있는 범위 안에서 경제 성장이 이루어져야 합니다. 생산자들은 친환경 생산 기술을 개발하고, 제품 생산 과정에서 환경에 미치는 영향을 최소화하는 등 사회적·환경적인 책임을 다해야 합니다. 또 소비자들은 친환경 제품을 사용하고, 일회용품 사용을 자제하고, 쓰레기 배출을 최소화하고, 자원 절약을 생활화해야 합니다. 그러나 생산자와 소비자, 즉 기업과 개인의 노력으로는 한계가 있어요. 그래서 정부의 강력한 정책과 투자가 필요합니다.

녹색산업의 핵심 분야인 신재생에너지는 환경 친화적이긴 하지만 자연적인 제약 때문에 화석연료에 비해 경제적 효율성이 떨어집니다. 예를 들어 태양광의 경우 맑은 날과 구름이 잔뜩 낀 날 얻을 수 있는 에너지의 양이 다릅니다. 풍력의 경우에도 바람이 많이 부는 날과 적게 부는 날 얻을 수 있는 에너지의 양이 다르고요. 이런 이유 때문에 아직까지 가격이나 효율성 면에서 신재생에너지의 경쟁력은 약할 수밖에 없습니다. 신재생에너지는 초기 인프라 구축에 막대한 돈이 들어갑니다. 하지만 인프라만 구축되면 기존 시스템보다 생산과 관리에 돈이 덜 들어가게 됩니다. 따라서 신재생에너지 기술 개발에 정부의 대대적인 지원이 뒷받침된다면 경

녹색산업

환경산업

기후 변화와 구분되는 환경 오염(수질 오염, 토양 오염, 대기 오염 등)의 문제를 해결하는 산업. 대기환경산업, 수질토양환경산업, 인공방사능처리산업, 자원순환산업, 생태계 보존산업 등이 있다.

에너지효율화산업

기후 변화를 줄이기 위해 온실가스를 감축하는 수단으로 에너지 이용의 효율을 높이고 화석연료 대신 전기를 활용하는 산업. 지능형 차량 교통 철도 시스템, 그린시티 그린홈, 스마트 마이크로그리드, 산업 효율화 등이 있다.

녹색에너지원산업

전기 및 에너지의 생산 과정에서 발생하는 오염 물질과 온실가스를 최소화하는 산업. 청정화석에너지, 신에너지(수소에너지, 연료전지), 재생에너지(태양광, 태양열, 풍력, 지열, 수력, 바이오에너지, 해양에너지), 원자력에너지 등이 있다.

온실가스처리산업

이미 배출된 온실가스를 포집하여 처리함으로써 대기 중 온실가스 농도를 낮추는 산업. 온실가스 처리(이산화탄소 포집, 저장, 전환), 온실가스 모니터링 등이 있다.

쟁력을 얻게 될 것입니다.

그린 뉴딜의 시작

2007년, 〈뉴욕타임즈〉 칼럼니스트인 토머스 프리드먼은 자신의 저서 《코드 그린: 뜨겁고 평평하고 붐비는 세계》에서 '기후 변화로 인해 미래에 큰 위기가 닥칠 것이며, 정부가 주도적으로 기존 질서(화석연료 중심)를 대체하는 새로운 국제질서(청정연료 중심)를 만들어야 한다'면서 '녹색 버전 뉴딜 정책'의 필요성을 이야기했습니다.

영국의 경제, 환경, 에너지 전문가들로 구성된 '그린 뉴딜 그룹'은 2008년 〈그린 뉴딜 보고서〉를 발표하면서 '그린 뉴딜'이라는 개념을 처음으로 제시했습니다. 지구가 처한 전례 없는 환경 위기, 생태계 위기에서 벗어나기 위해서는 지구적 차원의 비상 대책이 필요하고, '그린'이 바로 핵심이라는 내용이었지요. 이 영향으로 UN환경계획은 2009년 〈글로벌 그린 뉴딜 보고서〉를 발간하면서 그린 뉴딜을 적극적으로 지원하기 시작했습니다.

이후 각국의 지도자들도 환경 문제 해결과 경제 성장을 연계한 정책을 내놓게 됩니다.

미국 버락 오바마 대통령은 2009년 금융 위기가 닥치자 '미국 경제의 회복과 재투자를 위한 계획'을 발표했습니다. 이 정책의 핵심 내용은 바로 '그린 뉴딜'이었지요. 오바마 정부는 신재생에너지 산업을 육성하고 기존 에너지의 효율화를 위한 대책을 준비하는 데 약 540억 달러(한화 약 64조 7,000억 원)의 예산을 투자하겠다고 했습니다. 오바마 대통령은 후보 시절부터 녹색산업을 매개로 한 녹색 성장을 강조해 왔어요.

중국 후진타오 주석은 2010년 '제12차 경제사회 5개년 계획'을 발표했습니다. 이 계획의 주요 내용은 바로 '녹묘론'이에요. 과거 덩샤오핑 주석의 경제 성장 제일주의를 내세운 '흑묘백묘론'(검은 고양이든 흰 고양이든 쥐만 잘 잡으면 된다) 대신 환경 보호 정책을 강조하는 녹색 고양이를 내세웠지요.

우리나라 이명박 대통령도 세계적인 흐름에 발맞춰 '저탄소 녹색 성장 정책'을 발표했어요. 향후 60년을 책임질 새로운 먹거리를 찾는 한편, 국제사회에서 대한민국의 글로벌 리더십을 강화할 방안에 대한 해답이었지요. 이에 따라 4대강 정비 사업을 통한 수자원 인프라 구축, 신재생에너지 개발, 에너지 효율 개선, 녹색 교통

망 확충, 그린카 보급과 2차전지산업 육성 등으로 구성된 환경 정책을 추진했습니다. 그러나 4대강 사업 등의 토목 건설 사업은 겉치레만 녹색 정책일 뿐 오히려 환경을 훼손한다는 비판을 받기도 했어요.

4차 산업혁명과 그린 뉴딜

'2020 에너지전환 테크포럼'에서 김진오 블루이코노미전략연구원 원장은 "4차 산업혁명 관련 기술과 에너지 분야가 융합되면서 기후 변화와 관련된 새로운 산업들이 등장하고 있다"라고 말했습니다. 미래의 성장 산업인 4차산업과 녹색산업이 융합할 때 경제 성장과 환경 문제 해결이라는 두 마리 토끼를 잡을 수 있다는 이야기였지요.

코로나19 팬데믹 이전까지 세계 경제의 핫 이슈는 2016년 다보스 세계경제포럼에서 처음 등장한 4차 산업혁명이었습니다. 4차 산업혁명은 초기 산업혁명 이후 네 번째로 중요한 산업 시대를 일컫는 말로, 빅데이터 분석·인공지능·로봇공학·사물인터넷·무인 운송 수단·3D프린터·나노기술과 같은 7대 분야의 새로운 기술 혁

신을 뜻합니다.

　세계 경제는 산업혁명 이후 초고도 성장을 거듭해왔습니다. 성장을 견인하는 주요한 원천은 바로 에너지였고요. 1차 산업혁명이 가능했던 것은 기계의 발명 때문이었습니다. 인간이 손으로 하던 일을 기계가 대신하게 되면서 생산량이 엄청나게 늘어나게 되었지요. 기계를 움직이는 힘, 즉 에너지는 어디에서 나올까요? 바로 석탄과 석유였습니다. 2~3차 산업혁명이 가능하게 한 에너지는 전기였고요.

문제는 이 모든 에너지를 만드는 데 화석연료를 사용해 왔다는 거예요. 우리가 사용하는 대부분의 전기도 화석연료를 통해 얻고 있으니까요. 그렇기 때문에 산업의 발달이 곧 천연자원의 고갈, 환경 훼손, 환경 오염으로 이어질 수밖에 없었습니다.

4차 산업혁명에 꼭 필요한 동력도 전기입니다. 따라서 전기를 얻는 방법을 바꾸지 않으면 4차 산업혁명 역시 환경을 파괴하는 산업 발전이라는 한계에 부딪치게 될 거예요. 그래서 4차 산업혁명은 신재생에너지를 기반으로 한 녹색 성장으로 실현되어야만 합니다. 4차 산업혁명과 그린 뉴딜이 만났을 때 지속 가능한 성장은 가능해집니다. 그래서 그린 뉴딜은 환경 정책인 동시에 경제 정책이라고 말할 수 있는 것입니다.

그린+사전

▶ **뉴딜** 미국 제32대 대통령인 루스벨트가 1933년 당시 세계 경제공황 (경제가 급격하게 혼란에 빠지는 현상)을 극복하기 위하여 추진한 정책이다. 자유주의 국가에서는 이전까지 경제를 시장에 맡겨 왔지만 뉴딜은 정부가 적극적으로 개입하여 경제를 이끄는 정책이었기에 세계 경제 역사상 획기적 사건으로 기록되었다.

▶ **다보스 세계경제포럼** 1971년 시작된 세계경제포럼은 매년 1~2월에 스위스 다보스에서 열리기 때문에 '다보스포럼'이라고도 한다. 전 세계 유명 기업인, 경제학자, 정치인 등이 모여 세계 경제에 대해 토론하는 국제 민간회의로서 이 포럼에서 논의된 사항은 국제 경제에 큰 영향력을 행사한다.

탄소중립을 실현하는 정책, 그린 뉴딜

과탄산소다와 구연산

마법의 천연 세제

청소나 빨래도 깨끗하게 잘 되고, 환경도 지킬 수 있는 마법의 천연 세제를 알고 있나요? 바로 과탄산소다와 구연산이에요. 과탄산소다는 세탁 세제 대신에, 구연산은 섬유 유연제 대신에 사용할 수 있어요. 수질 오염의 주범인 세탁 세제 대신에 오늘부터 친환경 세제를 사용해 보는 건 어떨까요?

과탄산소다($pH10$)=탄산나트륨
($2Na_2CO_3$)+과산화수소($3H_2O_2$)

과탄산소다는 탄산나트륨과 과산화수소가 2:3 비율로 혼합된 흰색 물질이에요. 알칼리성이 강해서 살균, 세정, 연수, 연마, 탈취, 표백에 뛰어난 효과가 있지요. 시중에 판매되는 표백제의 주성분이 바로 과탄산소다예요. 과탄산소다는 산소계 표백제로, 때와 접촉하면 반응을 해 얼룩을 제거하고 표백 효과가 일어나요. 또 반응 후에

는 물과 산소로 분해가 되고요. 바로 이 점 때문에
수질 오염 걱정을 하지 않아도 되는 거예요.

◎ **과탄산소다 사용 방법**

– 세탁할 때 찬물 1리터당 과탄산소다 10그램의 비율로 넣어서 사용

– 순면 의류를 삶을 때 과탄산소다 한 스푼을 넣어서 사용

구연산(pH3)=트라이카복실산($C_6H_8O_7$)

시중에 판매되는 섬유 유연제에는 양이온 계면활성제가 들어 있어요.
계면활성제에 정전기 방지, 살균 효과가 있기 때문이에요. 문제는 계면활
성제가 엄청 자극적이라는 거예요. 구연산은 레몬, 라임, 오렌지, 귤 등의
신맛을 담당하는 천연 물질이에요. 천연 방부제로도 사용될 만큼 항산화
에 뛰어난 효능도 가지고 있고요. 구연산은 물과 만나면 물속의 미네랄 이
온을 흡착해서 분해하는데, 이 과정에서 직물이 부드러워져요. 또한 침전
물이 생기지 않기 때문에 섬유 유연제로 제격이지요.

◎ **구연산 사용 방법**

– 빨래를 헹굴 때 물 100리터에 구연산 10그램을 넣어서 사용

– 욕실이나 배수구, 수저통 등 물때가 많은 곳에 사용

– 살균이 필요한 칼, 도마 등 주방용품에 사용

5장

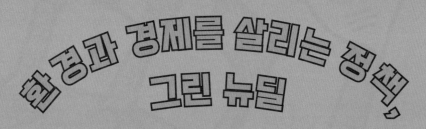

환경과 경제를 살리는 정책,
그린 뉴딜

한국판 그린 뉴딜과 글로벌 그린 뉴딜

**지구를 위한
그린 뉴딜**

#탄소중립 #탄소세

#도시숲 #친환경도시 #파리기후협약

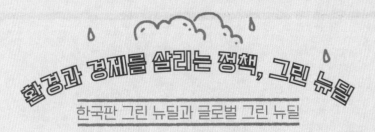

환경과 경제를 살리는 정책, 그린 뉴딜
한국판 그린 뉴딜과 글로벌 그린 뉴딜

　2020년은 전 세계가 코로나19 바이러스의 습격으로 인하여 고통을 받은 한 해였습니다. 우리나라도 예외는 아니었지요. 방역 지침으로 인해 사람들이 자유로운 경제생활을 할 수 없으니 심각한 경제 침체를 겪을 수밖에 없었고요.

　그래서 우리나라 정부가 '경제와 사회를 새롭게 변화시키겠다는 약속'으로 내놓은 정책이 2020년 7월 14일 발표한 '한국판 뉴딜'입니다. 이 '한국판 뉴딜'에는 디지털 뉴딜, 그린 뉴딜, 휴먼 뉴딜, 지역균형 뉴딜이 포함되어 있습니다. 한국판 뉴딜은 환경에 국한된 정책이 아니라 사회 시스템 전체의 대전환을 이루기 위한 정책이라는 거예요. 즉, 4차산업혁명(디지털 뉴딜)과 녹색기술(그린 뉴딜), 일자리 창출과 불평등 해소(휴먼 뉴딜, 지역균형 뉴딜)를 통해 우리 사회가 직면한 문제를 해결하고 행복한 미래를 준비하는 새로운 정책이라고 할 수 있습니다.

환경과 경제를 살리는 정책, 그린 뉴딜

경제와 사회를 변화시키는 약속, 한국판 그린 뉴딜

　한국판 뉴딜 중에서 그린 뉴딜을 자세히 살펴볼까요? 한국판 그린 뉴딜은 크게 네 가지 목표로 나눌 수 있습니다. 바로 탄소중립 추진기반 구축, 도시·공간·생활 인프라 녹색 전환, 저탄소 분산형 에너지 확산, 녹색산업혁신 생태계 구축이에요. 이 목표를 달성하기 위해 정부는 2025년까지 무려 61조 원을 투자할 계획이라고 해요.

한국판 그린 뉴딜을 한 마디로 정의하면 탄소 의존형 경제를 친환경 저탄소 그린 경제로 전환하는 전략입니다. 기후 변화에 선제적으로 대응하고 인간과 자연이 공존하는 미래사회를 구현하기 위해 탄소중립을 향한 경제 사회 녹색 전환을 추진하겠다는 거예요. 한국판 그린 뉴딜의 네 가지 목표를 중심으로 좀 더 자세히 살펴볼까요?

탄소중립 추진기반 구축

전 세계적으로 국가, 산업 경쟁력에 필수적인 요소로 탄소중립이 부각되고 있습니다. 우리나라도 2020년 10월에 '2050년 탄소중립 달성' 목표를 선언하기도 했고요.

정부는 탄소중립 정책을 지속적, 효율적으로 추진하기 위해서 2025년까지 4조 8,000억 원을 투자할 계획을 밝혔습니다. 그린 뉴딜이 성공하기 위해서는 무엇보다 모든 국민이 기후 변화에 따른 문제에 대한 명확한 인식과 탄소중립 실천에 대한 의지를 높여야 합니다. 그래서 에너지 취약 계층 지원을 강화하고, 국민들을 대상으로 하는 기후행동 홍보와 탄소중립 실천 인센티브 제도를 계획하고 있습니다. 또한 온실가스 감축을 위한 제도와 전문 인력을 마

련하고 폐기물 자원 순환 시스템과 산림 자원 등의 탄소 흡수원을
관리하는 시스템을 구축할 계획입니다.

도시, 공간, 생활 인프라 녹색 전환

무언가를 새롭게 만들면 그만큼 비용도, 시간도, 에너지도 많이
소비해야 합니다. 그러므로 새로운 것을 만드는 방법보다 기존에
사용하던 것을 새롭게 리모델링하거나 정비해서 사용하는 방법이

더 친환경적이라고 할 수 있어요.

　정부는 국민생활과 밀접한 공공시설 제로에너지화, 국토·해양·도시의 녹색 생태계 회복, 깨끗하고 안전한 물 관리체계 구축 등 인간과 자연이 공존하는 미래 사회를 만들기 위해 녹색 친화적인 국민 생활 환경 조성을 목표로 2025년까지 16조 원을 투자할 계획을 밝혔습니다. 이에 따라 기존 주택에 태양광을 비롯한 신재생에너지 발전 설비 설치를 지원하고, 고성능 단열재 등을 사용해서 공공건물을 리모델링 하고, 노후한 학교를 친환경·디지털 교육이 가능한 '그린스마트스쿨'로 리모델링할 계획입니다. 또한 도시 숲 조성, 국립공원 및 갯벌 복원을 통해 녹색 친화적인 생활 공간에서의 삶이 가능해질 수 있도록 할 계획이지요.

　놀랍게도 숲은 미세먼지를 줄이는 역할을 훌륭하게 해냅니다. 나뭇잎은 미세먼지를 흡착(달라붙게 하는 것)하고 흡수합니다. 또 서늘하고 습기가 많은 숲의 성질 때문에 숲속으로 들어온 미세먼지는 바닥으로 가라앉히고요. 그러니 정작 숲이 필요한 건 미세먼지가 많은 도시겠지요? 미세먼지 차단 숲, 생활밀착형 숲, 자녀안심 그린 숲 등 도심 녹지 조성이 기대되는 이유입니다.

저탄소, 분산형 에너지 확산

그린 뉴딜 성공의 열쇠를 쥐고 있는 핵심 기술은 신재생에너지 기술입니다. 환경을 파괴하는 가장 큰 원인은 결국 주요 에너지원인 화석연료 때문이지요. 그러나 수십 년 동안 사용해 온 에너지원을 바꾸는 것은 결코 쉬운 일이 아닙니다. 모든 기반 시설이 화석연료 중심으로 구축되어 있으니까요. 그렇기 때문에 에너지원을 효율적으로 관리하거나 신재생에너지로 교체하는 사업은 국가의 대대적인 투자와 지원이 있어야 가능합니다.

그래서 정부는 에너지 효율화와 신재에너지 확산 기반 구축, 그린 모빌리티 보급 확대 등 신재생에너지를 사회 전반으로 확산하기 위해 2025년까지 30조 원을 투자할 계획을 밝혔습니다.

특히 신재생에너지 구축을 위해 대규모 해상풍력단지를 세울 입지를 발굴하고, 농촌이나 산업단지, 도시의 주택과 상가 등에 태양광 발전 설비 설치를 지원할 계획입니다. 또한 승용, 버스, 화물 등 전기차 113만 대, 수소차 20만 대 보급 및 충전 인프라 구축에도 힘을 쏟을 예정이라고 합니다. 노후 경유차 조기 폐차 지원 정책, LPG나 전기차 지원 정책은 이미 추진하고 있고요.

녹색산업 생태계 구축

환경과 경제가 함께 성장하기 위해서는 기후 변화와 환경 위기에 대응할 수 있는 녹색기술을 기반으로 한 녹색산업의 성장이 반드시 필요합니다. 새로운 에너지를 개발하는 것, 환경 오염의 문제를 해결하는 것 모두 과학기술이 뒷받침되어야 실현 가능한 과제이기 때문이지요.

정부는 기후 변화와 환경 위기에 전략적으로 도전하고 대응할

환경과 경제를 살리는 정책, 그린 뉴딜

수 있는 녹색산업 발굴 및 지원에 2025년까지 10조 2,000억 원을 투자할 계획입니다. 녹색기업을 지원하고 녹색산업을 발굴하는 것은 물론 기존 산업단지가 신재생에너지로 업종이나 생산 라인을 전환하는 것도 지원할 계획이고요.

예를 들어 환경·에너지 분야의 123개 중소기업을 대상으로 녹색 에너지 관리, 녹색 공장 건설, 기업 간 폐기물 재활용 연계 지원과 소규모 사업장의 미세먼지 저감 시설을 지원할 수 있겠지요. 특히 온실가스 감축, 미세먼지 대응, 자원 순환 촉진 등 녹색기술 연구개발에 대대적인 지원을 해서 기후 변화와 환경 위기에 적극적으로 대응할 수 있는 준비를 하고 있습니다.

탄소중립을 꿈꾼다, 글로벌 그린 뉴딜

기후 변화를 포함한 전 지구적인 환경 문제를 해결하기 위해서 선진국들은 자국의 상황에 맞는 다양한 그린 뉴딜 정책을 내놓고 있습니다. 그린 뉴딜은 이미 완성된 정책 분야가 아니라 앞으로 다양한 시도를 통해 발전시켜 나가야 할 과제이기 때문에 다른 나라 그린 뉴딜 정책의 장단점, 우리나라 그린 뉴딜 정책과의 차이점 등을 알아 둘 필요가 있습니다. 그럼 주요 나라의 그린 뉴딜 정책을 살펴볼까요?

미국의 그린 뉴딜

석탄, 철, 석회암 등 자원이 풍부해서 산업도시로 발달한 미국 남동부 도시 채터누가는 이미 1950~1960년대부터 대기 오염으로 악명이 높았습니다. 한낮에도 헤드라이트를 켜고 다녀야 할 정도 였지요. 1970년대에는 채터누가의 폐렴 환자 수가 미국 평균 폐렴 환자 수의 3배를 넘어섰다고 해요. 환경운동가들을 중심으로 시민들이 정부에게 대책을 마련하라는 문제제기를 했고, 이에 정부는 적극적으로 환경 보호 정책을 펼치기 시작했습니다.

미국 정부는 환경 기관을 설립하고 각 공장에 배출 가스 필터 장치를 의무적으로 설치하게 했습니다. 또 자동차 매연으로 발생하는 대기 오염을 막고자 시내 외곽에 주차장을 만들고, 전기 셔틀 버스를 이용하도록 했지요. 시민들도 도시 재생에 힘을 보태기 위해 테네시강 위의 낡은 철교를 자전거 및 보행자 전용 다리로 되살려냈습니다. 이 다리는 현재 도시 재생을 상징하는 역할을 톡톡히 하고 있습니다.

채터누가의 환경 보호 정책은 성공적이었습니다. '죽음의 도시'라고 불리던 채터누가는 1996년 UN으로부터 환경과 경제 발전을 동시에 이룬 도시로 인정받았으며, 연간 100만 명 이상이 찾는 친환경 관광도시가 되었습니다.

그린 뉴딜 정책의 개념이 등장하기 이전이지만, 국가가 적극적으로 나서서 환경 보호 정책을 펼치면 어떤 변화를 만들어 낼 수 있는지 알 수 있는 좋은 사례예요. 이런 점에서 채터누가의 환경 보호 정책은 미국 그린 뉴딜의 효시라고 할 수 있습니다.

그린 뉴딜이라는 개념이 본격적으로 등장하기 시작한 건 2008년이에요. 버락 오바마는 대통령 선거 공약으로 '그린 뉴딜을 통한 일자리 창출'을 내세웠고, 대통령에 당선되었습니다. 이후 '환경과 경제를 살리는 그린 뉴딜'을 목표로 관련 정책을 추진했고요. 신재생에너지 산업에 대한 정부의 투자와 온실가스 감축, 에너지 투자 조세 우대 같은 정책이 대표적이라고 할 수 있습니다. 그 결과로 미국 내 신재생에너지 설비가 4배 이상 증가했고, 이산화탄소 배출량은 11퍼센트 감소하는 등의 성과를 거뒀습니다.

그러나 2017년, 전통적인 산업 분야를 중시하는 도널드 트럼프가 취임한 이후 그린 뉴딜 정책은 크게 힘을 잃었습니다. 트럼프 행정부는 미국이 많은 탄소를 배출하는 당사국임에도 불구하고 탄소 배출 절감 목표를 합의한 파리기후협정을 탈퇴하는 행보를 이어 갔습니다.

이에 맞서 민주당은 그린 뉴딜을 당론으로 정하고 '그린 뉴딜 결의안'을 제출했지요. 결의안은 향후 10년 동안 '온실가스 순 배출 제로'라는 목표를 달성하기 위한 역할을 정부에 강력히 요구하는 내용이 담겨 있었어요. 그러나 구속력이 없는 결의안인 데다 공화당 소속 의원 대부분이 그린 뉴딜 정책에 반대하였기 때문에 큰

미국 조 바이든 대통령 <그린 뉴딜 정책 공약>

항목	세부 내용
감축 목표	2050년까지 온실가스 순 배출 '0'(Net Zero) 달성 2035년까지 1조 7,000억 달러 이상의 연방예산 투자
파리기후협정	재가입을 통해 기후 변화 국제 협력에서 미국의 리더십 회복
인프라	4년간 2조 달러를 기후 변화 대응 인프라에 투자
에너지	화석연료 보조금 폐지, 석유 · 가스 산업에서 메탄 배출 제한 설정
운송 · 물류 · 교통	2030년까지 신규 공공 친환경차 충전소 50만 개 건설 연방정부 차량은 무공해 차량 구입 워싱턴–뉴욕, 로스앤젤레스–샌프란시스코 고속철도 사업 추진
건물	2035년까지 건물의 탄소 발자국 50퍼센트 감축 4년간 건물 400만 채와 주택 200만 채의 에너지 효율 개선
일자리	환경 관련 일자리 1,000만 개 창출

소득을 올리지 못했습니다.

2020년 46대 대통령 선거에 나선 민주당 조 바이든은 '2050년 까지 미국 내 탄소 배출 제로를 위해 10년간 대대적인 투자'라는 그린 뉴딜 공약으로 대통령에 당선되었습니다. 바이든 정부의 구체적인 그린 뉴딜 정책을 보면 세계 최고의 경제 대국답게 투자 규모가 어마어마하다는 것을 알 수 있습니다. 친환경 인프라(생산 활동에 필요한 사회 기반 시설) 건설에 4년 동안 투자하기로 한 금액 2조 달러(한화 약 2,100조 원)는 우리나라 1년 예산의 4배가 넘는 금액이에요.

미국의 이러한 움직임은 우리나라를 포함한 세계 기업들이 발빠르게 미국의 그린 뉴딜 투자 시장에 뛰어들게 만들었습니다. 전기차 배터리를 생산하는 'LG에너지솔루션'은 그린 뉴딜 정책의 영향으로 미국의 친환경 전기차 수요가 크게 늘어날 것이라고 판단해서 2025년까지 미국 전기차 시장에 5조 원 이상을 투자하겠다고 밝히기도 했습니다.

미국의 그린 뉴딜 정책의 특징은 환경을 개선하고 새로운 경제를 창출하는 데 그치는 것이 아니라 사회적 불평등 문제 해결까지 그 범위를 넓히고 있다는 거예요. 만약 이러한 목표가 이루어진다면 미국의 그린 뉴딜은 인류 공영을 위한 청사진을 우리에게 제시해 줄 수 있을 거예요.

유럽의 그린 뉴딜

EC(유럽공동체) 12개국 정상들은 1991년 12월, 네덜란드 마스트리흐트에 모여 경제 통화 통합 및 정치 통합을 추진하기 위한 유럽연합조약을 체결하기로 합의했습니다. 이에 각국의 비준 절차를 거쳐서 1993년 11월부터 유럽연합조약이 발효됩니다. 이렇게 만들어진 것이 유럽의 정치경제 공동체 EU(유럽연합)예요. 12개국으로 시작한 EU는 회원국이 점점 늘어나 2013년에 28개국이 됩니다. 그러나 2020년 1월 31일 영국이 EU를 탈퇴(브렉시트)하면서 현재 회원국은 총 27개국이지요.

1995년 파리기후협약에서는 EU를 포함한 195개국이 '탄소중립'이라는 전 지구적 목표에 합의했습니다. 탄소중립이란 탄소 배출을 아예 없앤다는 뜻이 아니라 배출하는 탄소량과 흡수·제거하는 탄소량을 같게 함으로써 실질적인 탄소 배출량을 '0'으로 만드는 것을 뜻합니다. 파리기후협약은 EU의 주도로 이루어낸 성과라고 해도 과언이 아닙니다. 그런 점에서 EU는 그린 뉴딜 정책을 견

<유럽그린딜> 주요 정책

항목	세부 내용
감축 목표	2030년까지 이산화탄소 55퍼센트 감축 온실가스 배출 규제 : 온실가스 배출량이 많은 국가에 탄소 국경세 부과
에너지	깨끗하고 안전한 에너지 공급 지속 가능한 스마트 교통수단으로 전환
건물	고효율 에너지 및 자원으로 건축 및 리모델링
플라스틱 금지	플라스틱 금지 품목 :식품 용기, 식기류, 면봉, 위생 용품, 풍선 막대, 식품 포장재, 비닐봉투, 음료수 병, 컵, 담배 필터 미세 플라스틱 사용 제한 : 화장품, 생활 용품
녹색환경	공정하고 건강하며 친환경적인 식품 공급 생태계를 보전하고 건강한 생태계로 복원

인해 왔다고 할 수 있습니다.

2019년 12월, EU는 탄소중립 실현을 위한 '유럽그린딜(European Green Deal)'을 발표했습니다. 이 정책에는 EU가 2050년까지 세계 최초로 탄소중립 대륙이 되겠다는 핵심 목표가 담겨 있어요. 이를 위해 EU 집행위원회는 유럽그린딜 정책에 1조 유로(한화 약 1,350조 원) 이상을 투자할 계획이라고 합니다.

유럽그린딜의 특징 중 하나는 탄소 국경세, 미세플라스틱 사용 제한 등과 같은 규제 정책입니다. 수출을 중심으로 하는 국가는 선진국들의 경제 정책에 많은 영향을 받게 됩니다. 따라서 EU에 수출을 하는 기업들은 이 경제 정책에 민감하게 대응하지 않을 수 없어요. 그래서 화석에너지 의존도가 높은 체코, 헝가리, 폴란드 등 동유럽 국가에서도 탄소 국경세에 대한 불만이 나오고 있습니다. 그럼에도 불구하고 EU에서는 탄소중립과 지속적 경제 성장이라는 두 마리 토끼를 잡기 위해 그린 뉴딜 정책을 강력히 추진하고 있어요.

EU 회원국의 공동 그린 뉴딜 정책인 유럽그린딜 외에도 각자의 상황에 맞는 나라별 그린 뉴딜 정책도 활발하게 이뤄지고 있습니다.

EU 국가 중에서도 그린 뉴딜 정책이 앞서 있는 나라는 독일이에요. 독일은 2020년 10월 코로나로 인한 경기 침체를 회복하기 위해서 1,300억 유로(한화 약 176조 원)의 경기 활성화 투자 계획을 발표했습니다. 주목할 만한 점은 전체 예산 중 가장 큰 비중을 차지하는 것이 녹색산업(약 23퍼센트)이라는 거예요. 수소에너지 산업에 무려 90억 유로, 전기차 산업에도 81억 유로를 투자한다고 하니 앞으로 수소에너지와 전기차 산업이 크게 발전할 것으로 예상할 수 있습니다. 이러한 독일의 그린 뉴딜 정책 방향은 유럽 전체의 분위기를 대변한다는 점에서 주목할 필요가 있습니다.

1952년 겨울이 막 시작될 무렵, 영국 런던 전체가 안개 도시로 변해 버렸습니다. 놀라운 사실은 이로 인하여 수천 명의 사람이 목숨을 잃었다는 거예요. 이 뿌연 안개의 정체는 바로 스모그(smog)였습니다. 스모그는 연기와 안개의 합성어(smoke + fog)로, 오염 물질이 가득한 연기가 안개와 섞여 나타나는 대기 오염 현상이에요.

이후 영국은 앞장서서 환경 정책을 펼쳐 나가기 시작했습니다. 영국의 대표적인 환경 정책 중 하나는 2007년 실시한 '탄소 라벨링 제도'입니다. 탄소 라벨링 제도는 식품에 칼로리 양을 표기하는 것처럼 제품에 탄소 배출량을 표시하는 제도를 말해요. 또한

2020년 11월 '녹색산업 혁명을 위한 10대 중점 계획'을 발표했는데, 2050년까지 탄소 배출 제로를 달성한다는 내용과 최대 25만 개의 녹색 일자리를 만든다는 내용이 담겨 있어요. 가장 주목할 점은 2030년까지 온실가스를 1990년 대비 68퍼센트 감축하겠다는 계획이에요. 이 수치는 주요 선진국 감축 목표 중 가장 높은 수치예요.

프랑스는 2020년 9월 코로나로 인한 경기 침체를 극복하기 위해 1,000억 유로(한화 약 135조 원)의 투자 계획을 발표했습니다. 그런데 놀라운 점은 1,000억 유로 대부분을 그린 뉴딜과 관계 있는 사업에 투자한다는 거예요.

유럽 국가들의 그린 뉴딜 정책에서 공통적으로 눈에 띄는 점은 미래에너지인 수소에너지 분야에 관심이 높다는 거예요. 기후 변화에 대응하고 탄소 배출을 줄이기 위해 가장 필요한 것은 화석연료를 대체할 수 있는 친환경 에너지 개발이기 때문에 친환경 수소에너지에 관심이 쏠리는 것은 어쩌면 당연한 일이라고 할 수 있습니다.

아시아의 그린 뉴딜

앞서 살펴본 것처럼 전 세계적인 그린 뉴딜 정책의 방향성은 탄소중립에 있습니다. 그러기 위해서 화석연료와의 결별은 어찌 보면 당연한 수순이라고 할 수 있지요. 그러나 아시아, 특히 중국·일본·한국은 아직도 화석연료 의존도가 높은 나라입니다. 세계 석탄 소비의 51퍼센트, 석탄 수입의 37퍼센트가 이 세 나라에 집중되어 있어요. 그래서 해외 석탄 화력 발전소에 투자를 하고 석탄 화력 발전 시설을 수출하는 나라, '국내에서는 녹색을, 해외에서는 석탄을 부흥시키는 위선의 나라'라는 비난을 받기도 합니다. 하지만 일본과 중국도 녹색 성장 친환경 정책으로 느리지만 다양한 변화를 꾀하고 있습니다.

　1997년 일본 교토에서 열린 UN기후변화협약 제3차 당사국 총회에서는 '지구 온난화 방지를 위한 온실가스 배출 규제'를 협의하였습니다. 이 협약이 바로 2005년부터 시행된 '교토의정서'예요. 일본에서 교토의정서가 협의되었을 만큼 일본은 일찍부터 환경 문제에 관심을 보여 왔습니다.

　일본 정부가 2009년에 발표한 '녹색 성장과 사회 변혁'은 일본

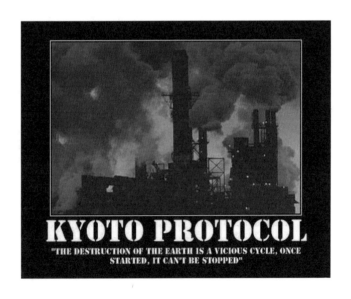

의 초기 그린 뉴딜 정책이에요. 이 정책에는 에너지 절약형 가전제품과 자동차 등을 보급하고 환경 분야 투자를 확대한다는 내용이 담겨 있어요. 2018년에 발표한 '수소기본전략'은 친환경 수소에너지를 발전시키기 위한 정책으로, 2030년까지 수소차 80만 대 보급과 수소 충전소 등의 기반 시설을 건설한다는 내용이 포함되어 있고요. 또 신재생에너지의 경쟁력을 높이기 위한 발전 비용을 지원하는 정책과 섬나라라는 특징과 관련이 있는 해양 플라스틱을 줄이기 위한 산업에도 많은 관심을 두고 그린 뉴딜 정책을 펼치고 있습니다.

중국은 그린 뉴딜이라는 용어를 직접적으로 사용하지는 않아요. 하지만 앞에서도 이야기했던 '녹묘론'으로 신재생에너지 개발에 투자를 늘리는 등 다양한 환경 정책을 펼치고 있어요.

중국의 국가 정책에서 '녹색'이 처음 등장한 것은 2016년 발표한 '국민경제와 사회발전 제13차 5개년 계획 요강'이었어요. 이 정책에는 신재생에너지 산업 투자를 늘리고, 에너지 절약을 중점적으로 추진한다는 내용이 담겨 있습니다. 2018년에 중국의 국가발전개혁위원회가 발표한 '청정에너지 소비 행동계획(2018~2020년)'에는 선진국만큼의 신재생에너지 기술 수준을 갖추겠다는 목표가

환경과 경제를 살리는 정책, 그린 뉴딜

담겨 있어요. 이에 따른 전기차 시장, 수소에너지 산업에 관한 구체적인 계획도 포함되어 있고요.

　이미 세계 2대 경제 강국으로 떠오른 중국은 재생에너지 산업과 전기차 산업을 빠르게 성장시키고 있으며, 녹색산업 분야에서도 세계의 주목을 받고 있습니다.

그린+사전

▶ **탄소배출권** 지구 온난화 유발 및 이를 가중시키는 온실가스를 배출할 수 있는 권리. 배출권을 할당받은 기업들은 의무적으로 할당 범위 내에서 온실가스를 배출해야만 한다.

▶ **탄소배출권 거래제(ETS)** 온실가스 배출량이 부족하거나 남았을 때 다른 기업과 거래할 수 있도록 한 제도. 탄소 배출 총량을 관리할 수 있는 효과가 있다.

▶ **탄소국경세** 온실가스 관련 규제가 미비한 국가에서 수입하는 에너지 집약적 생산품인 철강이나 화학, 시멘트 등에 부과하는 관세. 이산화탄소를 많이 배출하는 제품들을 규제하기 위해 도입했다.

환경과 경제를 살리는 정책, 그린 뉴딜

전기 잡아먹는 대기 전력

에어컨, 냉장고, 세탁기, 텔레비전 등 우리 집에는 셀 수 없이 많은 가전제품이 있어요. 물론 생활의 편리함을 주는 제품들을 사용하지 말자는 건 아니에요. 하지만 전기를 덜 쓰는 제품을 사용할 수는 있어요. 바로 에너지 효율이 높은 가전제품을 사용하자는 거지요.

에너지 효율 : 소비한 에너지에 비해 실질적인 유효 에너지가 얼마인지를 나타내는 것

우리 집 냉장고 옆면을 보면 에너지 효율 등급 표시가 되어 있을 거예요. 숫자가 낮을수록, 즉 1에 가까울수록 에너지 효율

이 높은 제품이에요. 이런 고효율 가전제품을 사용하면 탄소 배출이 약 298킬로그램 감소한대요. 이 수치는 우리가 사용하는 전기의 약 21퍼센트를 절감하는 효과를 내요. 우리 집 냉장고 에너지 효율은 몇 등급인가요?

에너지 효율만큼 중요한 게 소비 전력과 대기 전력이에요. 소비 전력은 1회 혹은 약 한 시간 제품을 사

대기 전력이
발생하는 제품

대기 전력이
발생하지 않는 제품

용할 때 소비되는 전력의 양을 나타내는 거예요. 대기 전력은 에어컨, 텔레비전, 전자레인지처럼 전자제품이 작동하지 않을 때도 전원 플러그가 꽂혀 있으면 소모되는 전기를 말해요.

같은 기능을 하는 가전제품이라면 소비 전력이 낮은 제품을 선택하고, 제품을 사용하지 않을 때는 전원 플러그를 뽑으면 전기를 아낄 수 있어요. 친환경 에너지를 생산하는 것만큼 중요한 게 바로 전기를 아끼는 거예요.

◎ 전기 사용을 줄이는 법

– 사용하지 않는 플러그는 뽑아 두기

– 자동 절전 멀티탭 혹은 개별 스위치 활용하기

– 전자제품 구매 시 에너지 절약 마크 확인하기

– 에너지 소비효율 등급 높은 제품 구매하기

6장

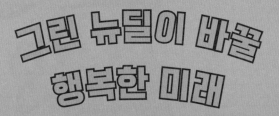

그린 뉴딜이 바꿀
행복한 미래

지속 가능한 삶을 위하여

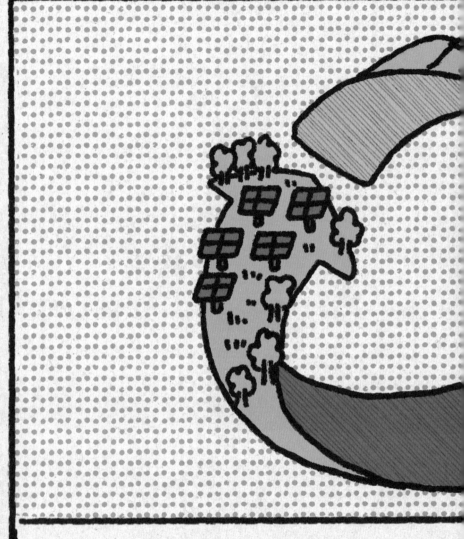

지속 가능한 미래

#티핑포인트 #에코라이프

#그린잡 #에너지평등 #환경과생태

그린 뉴딜이 바꿀 행복한 미래

지속 가능한 삶을 위하여

산업혁명 이후로 세계 경제는 빠른 속도로 성장해왔습니다. 그렇다면 경제 성장은 언제까지고 계속될까요? 이러한 질문에 답하는 사람들의 생각은 조금씩 다릅니다. 계속 성장할 수 있다고 생각하는 사람들이 있는가 하면 더 이상의 성장은 힘들 거라고 생각하는 사람들도 있지요. 그런데 새천년이 시작되면서 세계 경제 성장에 찬물을 끼얹는 사건들이 연이어 터졌습니다.

먼저 2008년 세계 최대 경제 강국인 미국에서 금융 위기가 시작되었습니다. 이로 인해 전 세계 경제가 휘청거렸고, 우리나라에도 영향을 미쳤어요. 2010년에는 우리가 선진국이라 여겼던 유럽 국가들의 경제 위기 소식도 들려왔습니다. 불과 6년 전에 올림픽을 개최했던 그리스가 디폴트를 선언한 거예요. 그리스가 대내외에서 빌린 돈을 더 이상 갚지 못하겠다고 두 손을 들어 버린 거지요. 유럽의 경제 위기는 그리스에 이어 이탈리아, 스페인, 포르투갈 등으로 번져 가며 전 세계를 긴장시키고 있습니다. 2020년에는 코로나19가 전 세계를 뒤흔들었고, 이로 인해 세계 경제가 또 한번 소용돌이에 휘말렸습니다.

이런 상황을 지켜보면서 더 이상의 경제 성장은 힘들 거라는 의견에 동의하는 사람들이 많아졌습니다. 경제 성장보다 더 큰 가치를 위해 나아가야 한다고 주장하는 사람들도 나타났고요. 그래서 그린 뉴딜이 더욱 주목을 받고 있는 상황입니다.

그러나 그린 뉴딜 정책의 실현 가능성에 의문을 제기하는 사람

그린 뉴딜이 바꿀 행복한 미래

들이 많습니다. 지금까지 일궈 놓은 대부분의 에너지 시스템을 바꿔야 하는, 시간과 자본이 엄청나게 투자되어야 하는 정책이기 때문에 어찌 보면 당연한 의문일 수 있습니다. 하지만 그린 뉴딜 정책은 미래를 위한 투자 개념으로 접근해야 합니다. 초기에 많은 비용이 들어가는 것은 사실이지만 신재생에너지 시스템이 잘 갖춰지고, 과학기술이 이를 뒷받침해 준다면 이후에는 더 저렴하게 에너지를 사용할 수 있게 될 거예요. 신재생에너지는 화석연료처럼 자원 고갈을 염려할 필요가 없을 뿐만 아니라 과학기술의 발달이 신재생에너지의 생산 단가를 낮추는 역할을 해 줄 것이기 때문입니다.

또한 경제 성장은 뒷전이고 오직 환경만을 중심에 놓는 정책 아니냐고 비판하는 목소리도 있습니다. 하지만 한국판 그린 뉴딜을 비롯해 미국과 유럽의 그린 뉴딜 정책을 자세히 들여다보면 환경과 경제를 모두 살리기 위한 새로운 대안으로 그린 뉴딜 정책을 내세우고 있는 것을 알 수 있습니다.

그럼 그린 뉴딜 정책을 통해 여러분이 살아갈 미래는 어떻게 바뀌어 갈지 함께 상상해 볼까요?

세상을 고루 밝히는, 에너지 걱정 없는 세상

우리는 화석연료가 환경 오염의 주범이라고 계속 이야기했습니다. 하지만 문제는 이뿐만이 아니에요. 화석연료는 매장량에 한계가 있습니다. 인류는 현대 문명을 발전시키면서 전 세계적으로 엄청난 양의 화석연료를 쓰기 시작했고, 사용량 또한 매년 증가해 왔습니다. 환경학자들은 지금 이 속도로 화석연료를 계속 사용하면 50년에서 200년 안에 화석연료가 바닥나게 될 거라고 경고합니다. 그렇기 때문에 화석연료를 대체할 에너지를 개발하는 것은 환경 문제뿐만 아니라 인류의 생존을 위해서도 꼭 필요한 일입니다.

화석연료를 대체할 에너지는 바로 태양, 수력, 풍력 등 자연을 이용해 에너지를 생산할 수 있는 신재생에너지입니다. 신재생에너지 발전의 토대를 만들기 위해서는 초기에 엄청난 투자가 필요한 것이 맞습니다. 하지만 일단 토대를 만들고 나면 계속해서 값싼 에너지를 얻을 수 있습니다.

에너지기후정책연구소는 《나쁜 에너지 기행》에서 에너지의 평등한 이용을 이야기합니다. 현재 지구의 에너지는 '상위 1퍼센트를 위해 남용되고, 나머지 인구는 에너지 빈곤에 허덕이고 있다'는 거예요. 생존에 필요한 최소한의 전기 사용도, 난방과 취사도 제대로 할 수 없는 우리나라 에너지 빈곤 계층은 130만 가구가 넘는다고 해요. 동남아시아, 아프리카의 가난한 나라는 그 실태마저도 파악하기 힘들다고 하고요. 그러나 에너지를 자연에서 쉽게 얻을 수 있는 인프라를 만들어서 생산 가격이 낮아지면 보다 많은 사람이 지금보다 저렴하게 에너지를 이용할 수 있게 되겠지요.

재생에너지는 아무리 써도 고갈되지 않고, 자연에서 얼마든지 얻을 수 있으며, 비싼 돈을 주고 수입하지 않아도 되기 때문에 에너지 가격을 대폭 낮출 수 있습니다. 에너지를 얻는 과정에서 환경

오염도 덜 발생하게 될 거고요.

조금 더 신나는 상상을 해 볼까요? 태양광을 연료로 하는 자동차 개발에 성공하면 어떨까요? 도로 위를 달리면서 계속 충전이 될 테니, 연료가 떨어질 걱정을 할 필요가 없습니다. 차를 구입하는 비용은 비싸지만 연료비 걱정은 할 필요가 없고요. 물론 밤에는 충전이 되지 않거나 태양광 패널의 가격 대비 낮은 에너지 효율이라는 넘어야 할 산이 존재합니다. 하지만 지금도 계속 기술 개발이 진행 중이기 때문에 머지않아 태양광 자동차를 타고 도로 위를 신나게 달릴 수 있을 거예요.

자연과 더불어 살아가는, 에코 라이프

환경 오염의 원인은 화석연료 사용 때문만은 아닙니다. 각종 화학 물질의 사용, 일회용 플라스틱 사용, 무분별하게 버려지는 산업 폐기물, 자연환경 훼손으로 인한 동식물 멸종 등 너무나 다양하지요. 산업이 발달하면서 우리는 편리함만을 좇으며 많은 물건을 만들고, 사용하고, 버렸습니다. 그 결과로 우리가 발 딛고 서야 할 땅, 들이마셔야 할 공기, 먹어야 할 물이 모두 오염되고 있습니다. 스모그, 산성비, 미세먼지와 같은 환경 오염의 결과는 이제 우리의 안전한 삶을 위협하고 있고요. 그렇기 때문에 환경 오염 문제는 그린 뉴딜 정책에서 가장 시급하게 해결해야 할 과제이기도 합니다.

그린 뉴딜 정책에서 눈에 띄는 특징 중 하나는 무엇이든 새로 만드는 게 아니라 기존의 것을 좀 더 친환경적으로 바꾸는 데 있습니다. 노후한 건물을 친환경적으로 리모델링하고, 버려지는 자원을 재활용하는 순환 시스템을 만들고, 탄소 흡수원 역할을 하는 산림 자원을 복구하고, 빌딩으로 가득한 도시에 숲을 조성하는 것처럼 말이지요.

'티핑 포인트'(tipping point)라는 말이 있습니다. 작은 변화들이 시간을 두고 쌓이다가 어느 순간이 되면 하나의 작은 변화에도 갑자기 커다란 변화를 만들어 낸다는 뜻입니다. 우리도 우리의 일상생활을 친환경적으로 바꾸려는 시도를 해 보는 건 어떨까요? 불편하더라도 플라스틱이나 일회용 제품을 조금 덜 쓰고, 비싸더라도 화학 제품보다는 친환경 제품을 쓰고, 힘들더라도 분리수거를 더 철저히 하고, 귀찮더라도 자연을 훼손하거나 오염시키는 기업을 감시하는 거예요. 이러한 작은 변화, 우리의 노력이 티핑 포인트가 되어 자연과 인간이 더불어 사는 행복한 세상을 만들 수 있습니다.

자연은 놀랍게도 스스로를 정화하는 힘이 있습니다. 다만 지금의 환경 오염 속도가 자연이 따라갈 수 없을 정도로 빠르다는 게 문제인 거지요. 따라서 인간이 조금만 노력하면 자연은 원래의 모습을 회복할 수 있을 거예요.

조금 더 행복한 상상을 해 볼까요? 코로나19는 과학기술로 극복되었고, 우리는 피부와도 같았던 마스크를 벗어던지고 언제나 깨끗한 공기를 흠뻑 마실 수 있습니다. 사계절이 뚜렷한 맑은 하늘 위로 철새들이 떼를 지어 이동합니다. 집 앞 빗물 저금통에는 맑은 물이 찰랑이고, 집 밖을 나서면 울창한 도시 숲이 우리를 맞이합니다. 자연과 더불어 사는 생태 교육 현장이 바로 우리 집이고, 우리 마을이지요. 생각만으로도 가슴 벅차오르지 않나요?

새로운 일자리가 온다, 그린 잡

앞에서도 이야기하였지만 그린 뉴딜은 단순히 환경 문제만을 생각하는 정책이 아닙니다. 지속 가능한 성장이 가능한 환경을 만드는 것이 바로 그린 뉴딜의 핵심이라고 이야기할 수 있어요.

《블루오션 전략》(김위찬, 르네 모보르뉴 공저)이라는 베스트셀러에서 처음 사용하여 유명해진 말이 있습니다. 바로 '블루오션'입니다. 블루오션이란 현재는 경쟁자가 별로 없지만 앞으로가 유망한 시장을 말합니다. 반대로 '레드오션'은 사람들이 이미 많이 모여들어 경쟁이 치열한 시장을 말하지요. 앞으로 다가올 그린 뉴딜 시대야 말로 새로운 블루오션이라고 이야기할 수 있습니다. 정부는 새로운 녹색산업과 녹색기술에 투자·지원을 할 거고, 자연스럽게 새로운 일자리가 만들어질 거예요.

그린 뉴딜과 관련한 새로운 직업을 '그린 잡'이라고 합니다. 그

린 잡은 이미 세계적으로도 주목받고 있으며, 우리나라에서도 한국고용정보원이 '미래유망직업 1위'로 꼽을 정도로 유망한 직업군입니다. 스탠포드·UC버클리대학 공동연구팀은 2019년 발표한 보고서 〈한국에서 그린 뉴딜 에너지 정책이 전력 공급 안정화와 비용, 일자리, 건강, 기후에 미칠 영향〉에서 우리나라가 2050년까지 전체 에너지 시스템을 신재생에너지로 바꿀 경우 144만 2,060개의 일자리가 생겨날 거라고 전망하기도 했습니다.

　　　　　　　　　그린 뉴딜이 바꿀 행복한 미래

환경을 살리는 직업, 그린 잡 20

빗물 사용 전문가	하늘에서 내리는 비를 받아 저장하고 수자원으로 사용 가능하도록 처리하는 일을 한다.
환경 전문 변호사	환경 문제나 환경 이슈에서 생기는 분쟁을 해결하는 과정에서 개인이나 기업을 대리하는 일을 한다.
제품 환경 컨설턴트	제품 개발과 생산 과정에서 제품에 친환경 요소가 포함되도록 아이디어를 제안하고, 대안을 분석하고 평가하는 일을 한다.
에코 디자이너	재활용이 가능한 재료를 이용하여 재료의 특성에 맞는 친환경 제품을 디자인해서 상품화하는 일을 한다.
재활용 코디네이터	재활용 프로그램을 감독하고 관련 위반사항을 조사하거나 재활용 방법 등을 교육하는 일을 한다.
도시농업 활동가	도시농업 관련 농법을 개발 및 보급, 도시텃밭 멘토 양성, 관련 자재 개발, 사업 기획 등 도시농업 보급 확대를 위한 일을 한다.
환경 교육 강사	환경단체 및 환경 관련 교육센터에서 기후 변화 교육, 에너지 교육 등 다양한 환경 교육을 하는 일을 한다.
오염부지 정화연구원	오염 부지를 조사하고, 시공 설계 및 정화 시공에 이르는 일련의 일을 한다.
탄소배출권 거래중개인	탄소배출권 시장에서 온실가스 배출권을 매매하고자 하는 수요와 공급을 조절하여 거래를 중개하고 성사시키는 일을 한다.
인공어초 연구개발자	인공어초 관련 연구 및 어류, 패류, 해조류 등 생태 특성에 부합하는 인공어초를 연구하는 일을 한다.
스마트그리드 통합 운영원	기존 전력망에 IT 기술을 접목한 지능형 전력망이 스마트그리드와 연동된 전력시장, 전력계통망을 통합적으로 운영하는 일을 한다.

그린스마트도시 전문가	친환경과 사물인터넷, 인공지능 기술을 접목하여 도시 문제를 해결하는 일을 한다. 관련 직업으로는 그린 도시 디자이너, 사물 인터넷 개발자 등이 있다.
기후 변화 대응 전문가	기후에 미치는 영향을 분석하고 대책을 세우는 일을 한다. 관련 직업으로는 천문 및 기상학 연구원, 해양학 연구원 등이 있다.
신재생에너지 전문가	신재생에너지와 관련된 전문적인 일을 한다. 관련 직업으로는 태양광 발전 기술자, 바이오 에너지 시스템 기술자 등이 있다.
폐기물 처리 기술자	일반 및 산업 폐기물의 관리, 처리 및 재활용에 관한 계획, 지도, 안전진단 및 관리하는 일을 한다.
환경 영향 평가원	사업 계획을 수립할 때 사업이 자연 환경, 생활 환경, 사회 경제 환경에 미치는 해로운 영향을 미리 예측, 분석해서 환경 영향을 줄이는 방안을 마련하는 일을 한다.
음식물 쓰레기 사료화 연구원	음식물 쓰레기를 사료로 만들 때 문제가 되는 염분을 낮추기 위한 방법을 연구하는 일을 한다.
해양에너지 기술사	해수 온도 차, 파도의 힘, 조류와 같은 해류에너지를 전기에너지로 변환시키는 기술을 개발하는 일을 한다.

미래를 위한 준비, 그린 자격증

대기 환경	대기관리기술사, 대기환경기사, 대기환경산업기사, 환경기능사
수질 환경	수질관리기술사, 수질환경기사, 수질환경산업기사
폐기물 처리	폐기물처리기사, 폐기물처리기술사, 폐기물처리산업기사
자연 환경	생물분류기사(동물/식물), 토양환경기술사, 토양환경기사, 자연생태복원기사, 자연생태복원산업기사, 자연환경관리기술사
소음 진동	소음진동기사, 소음진동기술사, 소음진동산업기사

우리나라 국토교통부는 2020년 '디지털 뉴딜'과 '그린 뉴딜'을 이끄는 10대 유망 산업을 선정하고, 이와 관련한 혁신 중소·벤처 기업에 투자하겠다고 발표했습니다. 중소·벤처기업 투자는 자연 스럽게 일자리 창출로도 이어지겠지요?

'한국판 뉴딜' 정책에서 알 수 있듯이 경제의 생산성 향상을 위해 경제 전반의 디지털 혁신과 역동성을 만들어 내는 '디지털 뉴딜'과 신재생에너지를 사회 전반으로 확산하여 미래 에너지의 패러다임을 전환하는 '그린 뉴딜', 저탄소 디지털 전환에 대응할 수 있는 인재 양성을 위한 투자를 대폭 강화하고 코로나 이후 심화된 불평등·격차의 완화를 추진하는 '휴먼 뉴딜'은 떼려야 뗄 수 없는 정책입니다. 경제, 환경, 사람이 더불어 행복한 세상을 만들어 나가기 위한 앞으로의 변화가 기대됩니다.

그린+사전

▶ **디폴트** 개인이나 기업이 빌린 돈에 대해 이자 지불이나 원리금 상환을 하지 못하는 상태. 채무불이행이라고도 한다. 국가의 경우에는 외채 원리금을 만기에 갚지 못할 경우 디폴트 상태가 되는데, 이는 실질적으로 국가의 부도를 의미한다.

▶ **빗물 저금통** 지붕 등에 내린 빗물을 모아 이물질을 거른 뒤 덮개가 있는 저장조에 저장해 필요할 때마다 배수펌프로 물을 빼서 사용하는 시설을 말한다. 이렇게 모은 빗물은 조경용수나 청소용수, 소방용수 화장실 용수로 활용할 수 있다.

그린 뉴딜이 바꿀 행복한 미래

매연 걱정 없는 친환경 자동차

도로 위 빼곡하게 늘어서 있는 자동차에서 내뿜는 매연도 환경 오염을 일으키는 원인이에요. 경유차, 특히 노후 경유차가 내뿜는 일산화탄소, 탄화수소, 질소 산화물은 가솔린 차량보다 훨씬 많아요. 그래서 정부에서는 미세먼지 농도가 높은 날은 노후 경유차 운행을 제한하기도 하고, 경유차를 조기 폐차하면 지원금을 주는 제도를 시행하고 있어요.

뿐만 아니라 차에서 배출하는 유해 물질을 줄이기 위해 배출 기준을 정한 다음 배출 기준을 충족하는 차량은 저공해차로 인정해서 다양한 혜택을 줘요. 공영주차장이나 공항주차장 주차 요금 할인, 남산터널 혼잡 통행료 면제 등의 혜택이지요.

하지만 결국에는 도로 위 대부분의 자동차가 친환경 자동차로 바뀌게 될 거예요. 친환경 자동차나 뭐냐고요? 신재생에너지를 사용하거나 오염 물질을 거의 배출하지 않는 자동차를 말해요. 전기 자동차, 하이브리드 자동차, 수소차, 천연가스 자동차, 태양광 자동차처럼요.

◎ 전기 자동차

화석연료를 전혀 사용하지 않기 때문에 유해 가스를 배출하지 않고, 엔진음도 조용하지만 제한 속도가 낮고, 회사나 집에 충전기가 설치되어 있지 않으면 불편할 수도 있어요.

◎ 하이브리드 자동차

휘발유, 경유 등의 연료와 전기에너지를 조합하여 사용하는 자동차를 하이브리드라고 해요. 전기에너지가 보조 배터리 역할을 하는 거지요. 브레이크를 밟거나 내리막길을 주행할 때 전기를 충전한 다음 저속으로 운행할 때는 전기를, 고속으로 운행할 때는 휘발유나 경유를 사용해요. 전기 충전이 따로 필요 없고, 연비도 좋아서 인기가 많아요.

◎ 수소 자동차

환경 오염 물질을 하나도 배출하지 않으면서도 휘발유나 경유처럼 충전소에서 빠르게 충전할 수 있기 때문에 전기차처럼 불편할 일도 없어요. 하지만 아직 충전소가 많지 않아요. 그래도 미래에 가장 사랑받을 만한 자동차로 손색이 없어요.

◎ 태양광 자동차

환경 오염 물질을 하나도 배출하지 않으면서 충전도 쉽기 때문에 수소 자동차와 함께 차세대 친환경 자동차로 주목을 받고 있어요. 어떻게 충전하느냐고요? 자동차 위에 태양광 패널이 달려 있어서 해가 내리쬐는 낮에 그냥 달리기만 하면 돼요. 하지만 아직 상용화 전 단계라서 도로 위에서 만나 볼 수는 없어요.

친환경 자동차는 가격도 비싸고, 충전소도 더 많아져야 하고, 기술도 더 발전해야 해요. 하지만 도로 위의 모든 차가 친환경 자동차로 바뀔 날이 머지않았어요.

◎ 참고 자료

《과학을 달리는 십대: 환경과 생태》 소이언, 우리학교, 2021
《글로벌 그린 뉴딜》 제러미 리프킨, 안진환, 민음사, 2020
《나쁜 에너지 기행》 에너지기후정책연구소, 이매진, 2013
《세상을 바꿀, 한국의 27가지 녹색기술》 녹색성장위원회 · 이영철, 영진닷컴, 2010
《코드 그린》 토머스 L. 프리드먼, 최정임 · 이영민, 21세기북스, 2008

〈주요국 그린 뉴딜 정책의 내용과 시사점〉 코트라 글로벌 마켓 보고서, 2021
〈녹색산업 현황 조사 및 활성화 방안 연구〉 산업연구원, 2020
〈녹색기후기술백서 2019〉 녹색기술센터, 2019
〈파리협정 길라잡이〉 환경부, 2016

한국판뉴딜 누리집, https://www.knewdeal.go.kr
환경부, http://me.go.kr
한국에너지기술연구원 공식 블로그, https://blog.naver.com/energium

◎ 이미지 출처

83쪽 이산화탄소 포집기, ⓒ카본엔지니어링

청소년을 위한 그린+뉴딜

1판 1쇄 발행 | 2022년 4월 15일
1판 2쇄 발행 | 2023년 5월 17일

지은이 | 이경윤
펴낸이 | 박남주
편집자 | 박지연
펴낸곳 | 플루토
출판등록 | 2014년 9월 11일 제2014-61호

주소 | 10881 경기도 파주시 문발로 119 모퉁이돌 3층 304호
전화 | 070-4234-5134
팩스 | 0303-3441-5134
전자우편 | theplutobooker@gmail.com

ISBN 979-11-88569-33-5 43530